系統思考

Donella H. Meadows

唐內拉・梅多斯——著

邱昭良————譯

Thinking in Systems:
A Primer

克服盲點、面對複雜性、見樹又見林的整體思考

經營管理 129

系統思考

克服盲點、面對複雜性、見樹又見林的整體思考

作　　　者　唐內拉·梅多斯（Donella H. Meadows）
譯　　　者　邱昭良
企畫選書人　林博華
責任編輯　文及元
行銷業務　劉順眾、顏宏紋、李君宜

總　編　輯　林博華
發　行　人　涂玉雲
出　　　版　經濟新潮社
　　　　　　104台北市中山區民生東路二段141號5樓
　　　　　　電話：（02）2500-7696　傳真：（02）2500-1955
　　　　　　經濟新潮社部落格：http://ecocite.pixnet.net
發　　　行　英屬蓋曼群島商家庭傳媒股份有限公司城邦分公司
　　　　　　104台北市中山區民生東路二段141號2樓
　　　　　　客服務專線：02-25007718；25007719
　　　　　　24小時傳真專線：02-25001990；25001991
　　　　　　服務時間：週一至週五上午09:30~12:00；下午13:30~17:00
　　　　　　劃撥帳號：19863813　戶名：書蟲股份有限公司
　　　　　　讀者服務信箱：service@readingclub.com.tw
香港發行所　城邦（香港）出版集團有限公司
　　　　　　香港灣仔駱克道193號東超商業中心1樓
　　　　　　電話：852-25086231　傳真：852-25789337
　　　　　　E-mail: hkcite@biznetvigator.com
馬新發行所　城邦（馬新）出版集團Cite（M）Sdn. Bhd.（458372 U）
　　　　　　41, Jalan Radin Anum, Bandar Baru Sri Petaling,
　　　　　　57000 Kuala Lumpur, Malaysia.
　　　　　　電話：（603）90578822　傳真：（603）90576622
　　　　　　E-mail: cite@cite.com.my
印　　　刷　漾格科技股份有限公司
初版一刷　2016年1月19日
初版25刷　2020年6月22日

城邦讀書花園
www.cite.com.tw

ISBN：978-986-6031-79-3　　　　　　版權所有·翻印必究

售價：450元　　　　　　　　　　　Printed in Taiwan

【推薦序】
克服盲點、面對複雜性、見樹又見林的系統思考

文／蕭乃沂

　　雖然本書初稿完成於1993年，作者唐內拉・梅多斯（Donella H. Meadows）教授在本書中對於系統思考（systems thinking）的深刻洞察，在今天看來仍具備極高的穿透力與前瞻性。更難得的是，除了以永續發展領域的厚實基礎，她將系統思考應用於政治、經濟、社會、生態環境、公共政策、企業管理等跨自然與人文社會領域的豐富案例闡釋，以及作為當代組織決策者及個體公民如何因應動態複雜系統的實用建議與智慧領悟，絕對是本書相較於同類型書籍的最大焦點。

　　全書以精簡卻環環相扣的三大部分共七章，圓滿達成上述的全面成就。

　　首先，第一部分的兩章奠定了系統的定性特質（第一章）與相對應的定量原理（第二章），透過作者深入淺出的引導，一般讀者可以毫無困難地理解看似複雜的系統動態行為如何連結至簡潔的反饋結構，這些定性與定量基礎也可引領有意深入鑽研系統思考的進階讀者，由心智模式（mental model）進入模式建構（formal modeling）。

　　以第一、二章為基礎，第二部分進一步描述動態反饋系統的外顯特質與管理挑戰，包括我們經常觀察到的適應力、自組織與層級性等運作特徵（第三章），以及動態複雜的反直覺行為與其理解障礙

（第四章）；最後，透過系統基模（archetypes）闡釋多樣化的陷阱（traps）與內隱的反饋結構，並提議化解這些陷阱的可能機會（第五章），例如廣納多元意見參與、跨部門協力運作、差異化管理、鼓勵學習與創新等。而這些跳脫系統陷阱的可能方案，更呼應了許多自然與人文社會科學領域的理論觀點與實際解方。

最後兩章則提議了具體的系統管理與變革方針（第六章），以及身為組織決策者及個體公民如何與動態複雜系統圓融共存所需的全面觀照與智慧（第七章），這些組織管理方針與個人處世智慧，如果直接陳列出來常被視為老生常談；不過，當梅多斯教授將其連結至本書前述各章的系統特質時，則賦予了它們扎實的反饋結構及運作基礎，也使得這些包容傳統與創新的組織管理方針與個人處世智慧，成為得以持續被驗證且修正的假說與命題。

更重要的是，這些可以被持續驗證且修正的假說與命題，即為本書將系統思考連結至各領域實務與研究的關鍵貢獻，也就是讓系統思考成為各領域理論視角（theoretical perspectives）的系統稜鏡（systems lens），例如演化論、總體或個體經濟模型、公共政策變遷、組織變革等，只要其問題範圍與本質包涵隨著時間演變的動態行為，以及其背後增強迴路、調節迴路、時間延遲的基本元件，系統思考都有可能將這些多元理論視角以反饋結構呈現出來，不但使得系統思考導向的問題理解與解方透過實證而得以與多元學理對話，也使得它具備了超越各領域典範的潛力。

對於具備豐富管理經驗的各專業領域讀者而言，除了循序閱讀本書各章之外，也可嘗試先閱讀第二部分（第三、四、五章）先快速掌握動態反饋系統的外顯問題特質與管理困境，並透過系統思考觀點的槓桿解方（第六、七章）與其實務經驗相互對照體會，最後再以深入

理解動態複雜系統的定性與定量基礎（第一、二章），對於管理實務經驗相對欠缺的讀者（例如各科系的大學部與碩博班學生），則足以發揮提綱挈領的引導功能。

　　最後，對於有意深入鑽研的讀者，這些定性與定量基礎更提供了衍生系統思考的系統動力學（system dynamics）模式建構與模擬分析的法門，相信修習者將更能領略動態複雜問題本質並設計驗證如何與其圓融共舞的系統思考。

（本文作者為國立政治大學公共行政學系副教授、中華系統動力學學會秘書長、台灣電子治理研究中心副主任）

【推薦序】
認識系統思考，避免好心卻幫倒忙

文／陳勁甫

　　過去，我們總是相信「善有善報」，凡事本於善意努力去做就對了。然而，英國經濟政治哲學家海耶克（Friedrich Hayek）指出：「通往地獄之路往往是由善意所鋪成的」。就像本書第二章〈系統大觀園〉提到「好心卻幫倒忙」的觀念，當系統出現問題時，人們通常基於善意，想要插手干預或借助政策，試圖修補系統。然而，干預愈多問題愈惡化，將系統推向錯誤的方向，愈多的善意對於系統的負面影響也愈大，結果出於好心的干預反而幫倒忙。

　　為什麼會這樣？

　　2010年，哈佛大學（Harvard University）艾德蒙・賽法拉倫理中心（Edmond J. Safra Center for Ethics）啟動一項名為「機構腐壞」（institutional corruption）的五年研究計畫，探討普遍存在現今社會的現象與問題。研究一個機構與組織在當時的系統或策略影響下，執行合法甚至符合倫理規範的作為，卻導致該機構效能不彰、人民對該機構的信任降低。

　　舉例來說，2008年引發全球金融海嘯的起源，是美國政府讓人民有能力買房以圓美國夢並提振經濟的「善意」。又如1994年台灣推動教育改革，源於教育當局希望減輕學生升學壓力、提高多元學習與教育品質的「善意」。然而，結果卻是從1995年起的二十年間，台灣的

大學院校成長四倍（大部分從專科升級）。但是，學生的升學壓力仍大，而畢業薪資、教育品質卻未能有效提升（甚至不增反降），必須在未來再次裁併三分之一的學校，引發另一場危機，也降低人民對高等教育體系的信任。

顯而易見地，這些都是基於「善意」的源頭，過程中各方也都努力推動，結果卻帶來近於災難的傷害。

為什麼系統中的每個要素或事物都在忠實且理性地運作，但是，這些基於「善意」的行動，結果卻弄巧成拙？

原因之一，就是缺少系統思考！

今天人類面臨的各種複雜問題，來自工業時代根深蒂固的心智模式，認為一切事物都可被拆解和還原，形成一種獨立的系統。然而，管理者所面對的問題，通常不是彼此孤立，而是相互影響。不能只以了解系統的各個構成部分來認識系統整體的行為，造成陷入盲人摸象的迷思；更要注意的是，部分最佳化的總和往往小於整體效益。

本書第一章〈系統基礎〉提到，系統會對各種錯誤或不足之處進行修補、改善和調整，以實現其目標。甚至藉由局部瓦解來進行自我修復，而具有調適性。像是亞當‧斯密（Adam Smith）之後，人們始終相信自由競爭市場是一種設計得當可以自我調適的系統，會有一隻「看不見的手」，將個體的自利推向公眾共同的利益。縱使系統沒有，也可以藉由人的發現與介入進行矯正。然而，自由市場與法律規範仍有失靈的時候，像是2008年金融風暴，即未能及時修正。

前美國聯準會（Fed，Federal Reserve System）主席葛林史班（Alan Greenspan）在美國眾院的聽證會時，坦承金融風暴是「過度信任金融機構的自我保護與自律能力，輕忽政府監督管制的重要性」。事實上，把時間軸拉長一些，或許這正是系統以局部的瓦解進行自我

修復的過程之一。

在個體層次上，因為人們的有限理性又傾向於從自己短期利益的最大化出發，但如果系統成員過分追求個人利益，而忽視了整體的目標，每個人的行為匯集起來常導致每人都不願樂見的結果，正像癌症細胞過分膨脹而傷害人體系統導致衰亡。如同世界銀行（World Bank）環境部高級經濟學家赫爾曼·戴利（Herman Daly）所說的「看不見的腳」（invisible foot）的力量壓過「看不見的手」。

因此，如果我們不能體認正處在一個系統交錯（systems of systems）的世界，所有的要素都是互相連結彼此交錯影響的複雜動態系統，不只無法將關鍵資源投入重要槓桿點，最後白費心力、適得其反。又因為目標錯置、規避規則、轉嫁負擔等現象，導引系統往錯誤方向發展，或有形無實扭曲系統動力，削弱系統維持狀態的能力，也減低解決根本問題的努力，最終耗盡干預者的能力或資源。

書中指出，人們常能判斷系統槓桿點，卻往錯誤的方向推動。如同系統動力學創始者傑·福瑞斯特（Jay Forrester）在《城市動力學》（*Urban Dynamics*）指出，低收入家庭住房補貼是一個槓桿點，他主張「補貼愈少的城市發展愈好」。當時，美國許多城市大規模推行補貼政策，最後都邁向沒落。又如教育體系通常不是激發而是限制了兒童的創造力；經濟政策往往傾向於支持現有大企業而不是激發創新企業。

最後，本書第六章〈系統之槓桿點〉提醒我們要了解系統典範，但也要能跳脫典範，必須以赤子之心對待整體現實，保持謙虛的學習與堅守善的美德境界，進入「空」的開悟境界，看似謙卑無為卻能更優雅地與系統共舞。

系統思考是動態的、整體的、化繁為簡的思考模式，讓管理者能

以全面鳥瞰整個系統的癥結，讓決策者以深刻洞視的思考找到問題根本，而本書是引導大家一窺系統思考的入門。

（本文作者為哈佛大學決策科學博士，現任元智大學社會暨政策科學學系教授、中華企業倫理教育協進會理事、中華談判管理學會副理事長、葡萄王生技公司獨立董事）

【推薦序】
了解系統思考，從看穿表象開始

文／張國洋

　　前陣子搭計程車，司機正在收聽廣播電臺的政論節目，我閒來無事，也就跟著聽。

　　當天節目聊的主題是電價問題。其中一位名嘴提到，今年台電盈餘將超過新台幣550億元！但為何會賺這麼多錢呢？他補充說明，這是因為今年國際能源價格下跌，所以台電平白無故地賺了一大筆錢。接下來，他就批評這是非常不合理的，台電應該立刻把這盈餘反映在電價上，所以，他訴求隔年電價應該要大幅降價。其他的名嘴當然有的支持、有的反對，一群人鬧哄哄地吵成一團。可惜因為路程不夠長，後面我沒聽完，就下車了。

　　不過這整串討論，很典型就是只見問題的部分表象、掉入「事件」陷阱的辯論。

　　我們大部分的人，因為要搞懂「整個系統」有困難，所以往往有兩個傾向。一是把系統切割，每次只看其中一小塊，也就是所謂的「頭痛醫頭、腳痛醫腳」。另一個是跟著當下的「事件」做出反射性的反應，像是台電盈餘高，立刻就想要處理這一事件。

　　然而，這兩個過度重視事物部分表象的習慣，很容易讓我們忽略問題全貌，導致最後決策失當，或是明明想撥亂反正，卻總是無意間擾動系統，讓系統的後續反應跟自己期待的結果天差地遠。

　　以電價是否該調降而言，如果我們只著眼於台電今年的盈餘，這靠著國際能源價格下跌賺來的利潤確實沒道理。可是如果我們直接把明年電費大刀一砍，卻可能造成一些不必要的後遺症。

　　比方說，盈餘其實可以改善既有的發電設備。很多設備都老舊了，不趁著有錢時汰舊更新，難道要等到虧損時才處理嗎？而且，改善是需要時間的，不趁著現在有盈餘、今年電力又不吃緊的時候處理，只是急忙把這盈餘換成便宜的電費，之後整個電力供給不就可能很危險嗎？

　　此外，我們再繼續思考，調降電費直接的影響是讓民眾養成「電很便宜，可以任意揮霍」的印象。但是，國際能源價格未必能長期維持低廉，等到日後能源價格往上調漲，民眾習慣卻未必能輕易改變。更何況，台灣的發電能力其實會愈來愈困難。以目前的社會意識，核能發電不受擁護、風力發電興建遭到抵抗、太陽能發電推廣成效不彰，再加上因為PM2.5的議題延燒，罪魁禍首火力發電肯定也將愈來愈不受到主流接受。換言之，長期台灣的電力看來將愈來愈難以開源，所以這時候似乎更該培養民眾節流的意識。

　　所以，若把這整個系統的全貌都思考過，我們就會發現調降電費，雖然短期或許滿足了某些公平正義的觀點，但長期而言卻對整個社會有害無益。

　　而這類系統思考的例子，不需要偉大到國家民族的層面，事實上，更多狀況是發生在你我的周圍。舉例來說，設計不良的關鍵績效指標（KPI，key performance index），容易造成部門對立，甚至造成員工為了達標而做出一些違背組織利益的事情。再如大部分的人容易傾向今天吃油膩的高熱量食物以獲得眼前的快樂，而忽略這樣行為長期對健康的危害。又如醫療體系即將崩壞，但我們只從事件上看到

醫生的抱怨、醫病關係的破壞、國際藥廠撤離台灣,但卻少有人能想出系統面的策略解法。我們也常常容易在面對小爭議時對親人任意發怒,而忽略了這樣一時的勝利,可能影響長期關係的健康性。

　　總之,人們直覺的決策以及針對事件的立即反應,通常都是錯的。也因為都是錯的,太多的人很容易受困於關係不順利、經營阻礙、社會問題、慢性病,以及愈來愈大的生活壓力。

　　然而,大部分人不懂得如何看懂人生的每個局,導致愈是直覺地對個別事件反應,愈讓自己狀況惡化,愈讓自己卡住無法動彈。這是因為人生所有的問題,都有其脈絡以及積累在其中,通常不可能只靠單點突破。舉例而言,身體的病痛,常是時間造成的痕跡。像是胃痛不是突然發生的,常是因為我們生活、姿勢或飲食不正常所累積的慢性結果。

　　由於身體有自癒能力,所以如果只是偶爾不正常,身體會慢慢調整過來;若讓這些異常狀況持續下去,當超過身體自癒能力的極限時,最後就會變成疼痛甚至轉為慢性疾病;而我們卻到這個時候才注意到身體發出的警訊。人又因為容易對事件的警訊過度反應,所以往往做出錯誤的處置,像是買止痛藥服用。但我們若不能退後一步搞懂這整個系統脈絡,只是消極止痛,問題不但不能化解,反而因為治標不治本,關閉了身體的警告系統,我們造成無法彌補的傷害,直到身體再也無法自癒為止。

　　換句話說,系統思考聽起來好像是某種學術專業才該研究的知識,但實際上,這是一個每個人都該理解的觀點。

　　這也是為何我看到《系統思考》這本書的譯稿,立刻就愛不釋手地把它整個讀完。雖然這本書對普羅大眾有一點硬,但如果你想提升「解決問題」能力,可將《系統思考》這本書列入必讀書單之中。讀

完之後，你一定會對各類系統全貌，有不同的觀點；對於日後遇到的
各類系統問題，也會有全然不同的思維！

（本文作者為「大人學」聯合創辦人、識博管理顧問執行長暨商業流
程顧問、部落格「專案管理生活思維」共同版主。）

【推薦序】
系統思考是一種競爭力

文／蔡惠卿

　　迎接工業4.0世代來臨，《系統思考》這本書的出版，可謂是一大佳音。因為工業4.0的主要元素，像是物聯網（IoT，Internet of Things）、智慧製造、機器人、綠色生產等，都牽涉到系統整合，包括流程中的軟硬體，以及如何把大數據（big data）變成智慧數據（smart data），其中人與人、人與機器、機器與機器之間的對話、整合、應用，有一個很重要的能力，就是系統思考的能力。

　　促使本書出版的編輯黛安娜・萊特（Diana Wright）說道：「如果能洞悉社會、文化系統的內在結構和運作機制，我們就可以有更大的作為。」我覺得這段話很值得國家（政府）領導人與執行公權力的當責者深思與反省。

　　然而，從積極角度為之，我們應該從教育端來思考，如何培育新世代年輕人具備系統思考能力，而這也是我對年輕人演講時一定會出現的鼓勵用語。

　　至於扮演企業社會責任的企業家、高階主管，更需要具備系統思考的胸襟視野，畢竟「鍊條的強度取決於最脆弱的一環」，也就是不只從一個公司組織的角度思考，而是上下游價值鏈的系統思考，這樣整個產業的發展才能更具競爭力。

　　系統思考裡有一個很重要的元素是「人」，尤其在全球開放的今

天，人類的行為、文化差異，使得組織運作更複雜化，系統思考愈顯重要。很多事情從一體兩面走向多元化，如同本書的內容看似以大環境議題切入，卻可邊讀邊發現作者很不一樣的思維，研發人員應可從其中找到靈感，說不定會有新的創意或發明產生。

　　事實上，系統思考是成功的主管與領導者必備的核心能力之一，畢竟職位愈高，愈需要「見樹又見林」的能力，唯有如此，方能規畫與洞悉系統運作的機制，進而做出正確甚至更創新的決策。

　　無論你是理科或文科背景，都可以閱讀此書激發你的潛能與系統思考的智慧！書中別出心裁地列出「系統思考訣竅」，協助讀者抓重點，其中有一段文字，讓我聯想到「機器人產業」，內容是這麼寫的：「不能只是關注系統的生產率或穩定性，也要重視其適應力，即自我修復或重新啟動的能力，戰勝干擾、恢復機能的能力。」尤其是服務型（陪伴型）機器人走入家庭時，研發工程師具備這樣的系統思考能力，那肯定是「好的開始是成功的一半」！

（本文作者為上銀科技股份有限公司總經理）

目錄

第一部分　系統的結構和行為

20

附　錄   **315**

編者識

獻給世界的複雜性
紀念逝去的丹娜

1993年，唐內拉・梅多斯（我們也叫她丹娜Dana）完成本書的初稿。後來，這部手稿並未出版，但是在圈內已經非正式地流傳好多年。

2001年，就在正式完成本書之前，丹娜因意外永遠地離開我們。自她離開後，雖然經過多年，但她的論述顯然並未過時，反而很多都得到印證，並持續地讓廣大讀者從中受益。做為一位科學家和作家，丹娜是系統建模領域最好的傳播者之一。

1972年，做為第一作者，丹娜和其他合著者出版暢銷書《成長的極限》（*Limits to Growth*），該書翻譯成多種語言在全球熱銷。在那本書中，她向人們提出警告，今天看來，這些預見和警告是非常準確的。如果不加以抑制，人類繼續用以前那種並非永續的方式發展下去，將會對全球造成惡劣影響。

在當時，這個話題成為全球各大媒體的頭條新聞，人們開始認識到人口和消費的持續成長可能對生態系統和社會系統造成嚴重的破壞，而後者正是我們人類賴以生存的基礎；同時，對經濟成長不加節制的追求，也可能導致許多當地的、區域的、甚至是全球範圍的系統最終陷入癱瘓。因此，那是一本具有劃時代意義的巨著，在該書出版

後的數十年間，伴隨著石油價格的狂飆、氣候變化的嚴酷現實、全球人口邁向七十億大關，以及物質成長帶來的諸多破壞性後果，該書中的發現以及其後的更新，一再成為世人關注的焦點，掀起全球的反思和行動。

　　簡而言之，丹娜引領社會觀念變革的先河，促使人們覺醒，改變看待這個世界和系統的方式，以此改變當今社會的發展進程。如今，系統思考做為因應我們周圍世界各種複雜性挑戰的有力工具，已經得到普遍認可，在環境、政策、社會和經濟等領域得到廣泛應用。

　　不論是大系統，還是小系統，都有其內在的規律和原理。只有理解系統的各種行為特徵，我們才能順勢而為，正確地引領系統產生持續的變革，並將其應用於我們生活和工作的各個層面上。

　　丹娜之所以寫這本書，就是想把系統思考的觀念與方法傳遞給更多的人。也正是因為這個原因，我和永續發展協會（The Sustainability Institute）的同事們決定在她去世後，把這本書的手稿正式出版，我們認為現在正是時候。

　　一本書，真的可以幫助這個世界，幫助包括你在內的各位讀者嗎？我認為是的。

　　也許你在一家公司工作，或者你就是某家企業的老闆，**在當今複雜多變的商業環境中，如果具備系統思考的智慧，你就可以更了解你所在的企業或組織是如何與其相關的商業生態系統相互關聯、和諧發展的運作機制。**

　　如果你是政策制定者，你就可以更徹底地理解自己制定政策的本意、各種可能的阻力、副作用以及「上有政策、下有對策」的規則規避行為。倘若你是一名管理者，無論是在公司還是社會，每天都要面對很多矛盾、挑戰和各種重要的問題，如果不具備系統思考的智慧，

不僅會做出很多糟糕的決策、疲於應付,而且有可能使局勢愈變愈差。

在日常生活中,人們經常會談論社會(或組織)應該如何變革,我們也經常會倡導或捍衛某一種價值觀。但是,社會的變革是緩慢漸進的過程,哪怕是一些最微小的改變都需要數年的時間。

在全球化趨勢日益深化的今天,做為一位普通公民,想要積極而持久地保有本土特色文化,我們能夠做的,絕不只是一味抱怨或嘆息。若能洞悉社會、文化系統的內在結構和運作機制,我們就可以有更大的作為。

假使你想要將上述提及的事項付諸實踐,那麼本書將是你的行動寶典。雖然市面上關於系統建模、系統思考的書不在少數,但顯然大家都需要一本深入淺出、能啟發人們思維的系統思考應用入門讀物,為大家解惑;像是我們經常遇到的系統難題是什麼、為什麼,我們如何才能妥善因應,甚至重新設計系統。

在丹娜撰寫本書時,她剛剛完成《成長的極限》二十週年修訂版,取名為《超越極限》(*Beyond the Limits*)。她獲得皮尤學者獎(Pew Scholar,保育和環境類),並曾任職於美國國家地理協會(National Geographic Society)的研究與探勘委員會。

此外,她長期在達特茅斯學院(Dartmouth College)教授系統學、環境學和倫理學。在所涉獵的各領域,她都非常活躍,積極參與各種活動和計畫,她把這些活動視為我們生活中經常會面臨的各種複雜系統的外在行為。

儘管丹娜最初的手稿經過多次編輯和結構上的重新調整,但你在本書中看到的很多例子仍然取自她1993年完成的初稿。可能有人會覺得這有些過時,但我們在編輯本書時,之所以保留這些案例,是因為

它們給我們的啟示至今仍然像當初一樣深刻、有效，一點也沒有過時或失效，很多甚至已經由時間所證實。

例如1990年代初期蘇聯的解體以及一些社會主義國家的巨變；北美自由貿易協定的簽署；伊拉克入侵科威特，之後在撤軍途中摧毀很多油井；曼德拉（Nelson Mandela）獲得釋放，南非的種族隔離法終於廢除；勞工領袖華勒沙（Lech Walesa）當選波蘭總統，詩人哈維爾（Václav Havel）當選捷克總統等。

國際氣候變遷委員會（現名為「政府間氣候變遷委員會」）公布它們的第一份評估報告指出：「人類活動的排放物，正在使大氣中溫室氣體的濃度顯著增加，這將加劇溫室效應，並導致地球表面溫度進一步升高。」為此，聯合國在巴西里約熱內盧召開環境與發展大會。

在那段時間裡，丹娜在世界各地參加各種會議和研討會，她定期閱讀《國際先驅論壇報》（*International Herald Tribune*，2013年更名為《國際紐約時報》〔*International New York Times*〕），在一個星期內就找到很多系統性問題的案例，它們都需要更好的管理或是徹底的重新設計。

她之所以從報紙上選擇案例，是因為這是我們日常生活中真實存在的事件，一旦我們開始把各種相關的日常事件連結起來，並且透過事件察覺到背後的某個趨勢，而這些趨勢又是潛在的系統結構的外在徵兆，我們就已經具備系統思考的能力。你可以用這種新的方式管理、決策，並在這個充滿各種複雜系統的世界裡存活得更好。透過將丹娜的手稿正式出版，我希望可以幫助大家提高理解和分析你身邊的系統的能力，更積極地投身於各種變化。

這是一本循序漸進的系統思考入門指南，也是認識動態複雜系統的有力工具。在當今複雜多變的世界裡，系統思考的能力顯得尤其重

要而且迫切。這本書談的是世界的複雜性，也獻給世界的複雜性。我
希望本書可以幫助那些真心希望更美好未來的人們。

黛安娜・萊特（Diana Wright）
2008年

序

即使你的工廠遭到拆除，只要它的精神還在，你就能很快重新建立起另一家。如果一場革命摧毀舊政府，但新政府思想和行為的系統模式沒有變化，它就仍然難逃再次被推翻的命運。關於系統，我們很多人經常掛在嘴上，但幾乎沒有多少人真正理解。

——羅伯特・波西格（Robert M. Pirsig），著有《禪與摩托車維修的藝術》（_Zen and the Art of Motorcycle Maintenance_）

本書是我在系統思考建模與教學方面三十多年的經驗累積，也凝聚幾十位智者的研究智慧，他們中的絕大多數都曾在麻省理工學院系統動力學小組從事過教學研究工作。這其中最重要的人是我的恩師、該小組的創始人傑・福瑞斯特（Jay Forrester）教授。

除了福瑞斯特教授之外，我的其他老師還包括艾迪・羅伯特（Ed Roberts）、傑克・皮尤（Jack Pugh）、鄧尼斯・梅多斯（Dennis Meadows）、哈瑪特・博塞爾（Hartmut Bossel）、巴里・里士滿（Barry Richmond）、彼得・聖吉（Peter Senge）、約翰・斯特曼（John Sterman）與彼得・艾倫（Peter Allen），他們中的一些人曾經是我的學生，後來則成為我的老師。

總之，我在本書中呈現的一些觀點、案例、引用、書籍以及其他相關資料，都來自於一個更大的智慧群體。在此，我對他們表示由衷

的敬仰和感激。

　　我也曾受教於一些其他學科的思想家們，包括葛列格里‧貝特森（Gregory Bateson）、肯尼士‧博爾丁（Kenneth Boulding）、赫爾曼‧戴利（Herman Daly）、愛因斯坦（Albert Einstein）、加勒特‧哈丁（Garrett Hardin）、瓦茨拉夫‧哈威爾（Václav Havel）、路易士‧曼福德（Lewis Mumford）、貢納爾‧默達爾（Gunnar Myrdal）、E.F.舒馬赫（E.F. Schumacher）等。

　　就我所知，他們從來沒有使用電腦進行過系統建模，但他們都是天生的系統思考者。此外，本書還包括一些公司的高層管理者以及很多世界各地古代先賢的智慧。雖然表現形式各異，但殊途同歸，真正的系統思考從來都是超越學科和文化的，同時也可以跨越歷史。

　　既然講到跨越，我還要感謝派系之爭。雖然系統分析者共同使用著一些概括性的概念，但他們也是常人，也受人性的左右，這意味著他們也會形成不同的流派。事實上，系統思考領域已經形成很多不同的學派。

　　在這裡，我使用的是系統動力學的語言和符號，因為這是我所接受的教育。同時，我在本書中也只是呈現系統理論的核心，而不是發展的最前線。此外，我也不會針對最抽象、最深邃的理論展開分析，除非我認為適當的介紹和分析有助於大家理解和解決實際的問題。等到系統理論發展到相對成熟的階段，到時候才有必要寫另外一本書詳加闡述，我相信會有那麼一天。

　　因此，我想告誡大家，本書和其他所有書籍一樣，也存在偏見和不完整性。我在本書中闡述的內容可能只是系統思考領域的九牛一毛，如果你有興趣深入探索，你會發現更加廣闊的世界，而遠不止本書所展現的這個小世界。

我的目的之一，就是讓你對系統思考感興趣；而我的另一個目的，
也是最重要的目的就是讓你具備基本的理解和應對複雜系統的能力（不
管你在閱讀本書前後是否接受過正式的系統訓練）。

唐內拉‧梅多斯，1993年

前言：系統稜鏡

> 管理者所遇到的問題通常都不是彼此孤立的，而是相互影響、動態變化的，尤其是在由一系列複雜系統構成的動態情境之中。在這種情況下，管理者不能只是解決問題，而應善於管理混亂的局勢。

——拉塞爾·阿克夫（Russell Ackoff）[1]，運籌學理論家

無處不在的系統

在早期教授系統課程時，我經常會拿出一個名為「機靈鬼」的玩具（Slinky，亦譯為翻轉彈簧，2003年美國玩具工業協會選為「世紀最佳玩具」）。它由一根長長的、鬆鬆的彈簧製成，可以彈起來、落下去，或者在兩隻手之間倒過來、倒過去；如果把它放在樓梯上，它就會自動地「拾級而下」。

我把「機靈鬼」放到手裡，手掌向上，用另外一隻手從上面抓住它，接著我把底下的手拿開。「機靈鬼」的下端垂下去又彈回來，在我的手指上下，不停地伸展再復原。

「是什麼原因讓『機靈鬼』像這樣上下彈跳？」

我問學生們。

「是你的手，是因為你把手拿開。」大家回答。

於是，我拿起裝「機靈鬼」的那個盒子，也把它同樣托起來，用另外一隻手從上面抓住它，然後像魔術師一樣，吹了一口氣，把底下的那隻手移開。

什麼也沒有發生。盒子還是被我抓在手裡，一動不動。

「你們再想一想，是什麼讓『機靈鬼』這樣上下彈跳的？」

答案顯然是在「機靈鬼」身上。當人們在按壓彈簧或移開手時，彈簧自身的結構會使它做出相應的舉動，但人們往往只注意到手的動作，而忽視彈簧的內在結構。

這是系統理論的核心觀點。

一旦我們看清結構和行為之間的關係，我們便能開始了解系統如何運作，為什麼會出現一些問題，以及如何讓系統轉向符合人們預期的行為模式。當今世界持續快速地變化發展，而且日益複雜，**系統思考將有助於我們發現問題的根本原因，看到多種可能性，從而讓我們更好地管理、適應複雜性挑戰，把握新的機會。**

說到底，究竟什麼是系統呢？

系統是一組相互連接的事物，在一定時間內，以特定的行為模式相互影響，例如人、細胞、分子等。系統可能受外力觸發、驅動、衝擊或限制，而系統對外力影響的反饋方式就是系統的特徵。在真實的世界中，這些反饋往往是非常複雜的。

以「機靈鬼」玩具的例子來講，原理簡單易懂；但如果系統是一個人、一家公司、一座城市或者一個經濟體，就不那麼簡單。在很大程度上，系統自身就能產生一系列相關的行為。**對於一個系統來說，**

某個外部事件可能引發某些行為，而同一個事件之於另外一個系統的結果就可能迥然不同。

現在，想一想下列觀點的含義：

* 經濟的繁榮或衰退不是由某個政治領導人左右的（上下波動是市場經濟內在的結構）；
* 一家公司市場占比的喪失很少是由競爭對手造成的（雖然其對手可能在逐漸累積起競爭優勢，但至少部分市場占比的喪失要歸因於公司自身的業務政策）；
* 石油出口國不是油價上漲的唯一罪魁禍首（如果石油進口國的經濟不是建立在脆弱的石油供應上，其石油消費、定價和投資政策不那麼容易受到石油供應的影響，石油出口國的行動就不會觸發全球油價上漲，導致經濟混亂）；
* 流感病毒不會攻擊你（相反地，是你的身體狀況正好適合流感病毒的生長）；
* 吸毒上癮不是因為吸毒者軟弱，其實不管多麼堅強或有多少人關愛，沒有任何人可以治癒毒癮，連上癮者自己也不能（只有理解上癮是更大的社會問題的一部分，會受其他多個因素的相互影響，人們才能開始應對這一問題）。

類似這樣的論述可能令很多人心神不寧，而在另外一些人看來則是純粹的常識。我認為，這其實是兩種截然不同的做法，一種是順應系統，另外一種是與其對抗。它們源自人們不同的生活體驗，大家對這兩者並不陌生。

其實，在接受現代的理性分析教育之前，我們人類早已與各種各

樣的複雜系統打過交道，並且駕輕就熟。舉例來說，人體自身就是典型的複雜系統（我們是由各種器官組成的整體，各種器官之間相互連接、協調運作、自我調節和成長）。不只是我們自身，我們遇到的每個組織、每隻動物、每個花園、樹木、森林都是一個個複雜的系統。我們憑直覺建立起關於系統如何運作、如何與它們和諧相處的認知，無須任何分析，也往往不需要語言的表述，這是非常自然的事情。

　　然而，現代系統理論卻經常和電腦、方程式等連結在一起，產生一大堆高深莫測的術語、行話。但是，正所謂「大道至簡」，系統理論所想表達的一些真理，經常在某種程度上是為人所共知的常識。因此，我們完全可以摒棄繁雜的系統術語，直接回歸傳統智慧。

重塑系統，發現更大的世界

　　　　由於複雜系統中存在反饋延遲，經過一段時間之後，問題會變得更加嚴重，而且更加難以解決。

　　　・一針不補，十針難縫。
　　　・千里之堤，潰於蟻穴。

　　　　根據競爭排斥原理，如果一個增強迴路使一位參與者取得勝利，占據競爭的優勢地位，那麼它將在未來的競爭中繼續獲勝，甚至將消滅幾乎所有競爭者。

　　　・蓋有者，將予之；無者，並其所有亦奪之。（《聖經・馬可福音》第4章第25節）

・富者愈富，貧者愈貧。

　　在受到外力衝擊或影響時，通路和冗餘眾多的多樣化系統，往往比幾乎沒有差異的單一化系統表現得更加穩健。

・不要把所有的雞蛋都放到同一個籃子裡。

　　自工業革命以來，西方社會的主流思維模式逐漸演變為科學、邏輯以及與直覺和「整體論」相對的「還原論」，並取得巨大成就。無論是出於心理上還是政治上的需要，我們都更傾向於認為，導致問題的原因是「在那裡（外部）」，而不是「在這裡（內在）」。這種「歸罪於外」的思維習慣，幾乎不可避免地讓我們責備或怪罪他人，推脫自己的責任，並迷戀於尋找能夠擺脫或解決問題的「控制按鈕」或「仙丹靈藥」、產品或技術支援。

　　誠然，藉由專注於外部因素，一些嚴重的問題得以成功解決，比如預防天花、增加農作物產量、大件貨物運輸等。但是，由於這些問題都是一些更大的系統中不可分割的一部分，我們的一些「解決方案」已經產生明顯的副作用，並進一步激化問題。

　　與此同時，一些問題深深嵌入在複雜系統的內在結構之中，無法被擺脫或轉移。例如饑荒、貧困、環境退化、經濟波動、失業、慢性病、藥物成癮以及戰爭等，儘管人們在消除這些問題方面做出大量努力，不斷改進分析方法，並取得很多技術進步，也沒有人故意製造出這些問題、想讓這些問題存在，但是它們依然存在。這是因為它們從本質上看都是系統性問題，系統的內在結構決定我們所不願樂見的行為特徵。**只有重新找回人們的直覺，停止相互指責和抱怨，看清系統**

的結構，認識到系統自身恰恰是問題的根源，找到重塑系統結構的勇氣和智慧，這些問題才能真正得以解決。

可能有人會說，這些道理淺顯易懂，甚至是老生常談，但從某種角度看，它們也是全新的，甚至是有些顛覆性的。這些道理可能讓你感到很舒服，因為這些想法其實就存在於我們的認知之中；也可能讓你感到不安，因為**我們必須以不同的方式觀察、思考和做事。**

本書所講的就是以不同的方式觀察和思考這個世界。有些人一看到「系統」二字，一提到系統分析領域，就不由自主地會有顧慮，即使他們一輩子都在進行系統思考。所以，為了便於各位讀者更好地理解系統，我會盡量用「非技術化」的方式論述，少用一些數學公式或電腦語言。

在本書中，我大量使用各種圖表，因為在討論系統問題時，如果只用文字會產生問題。誰也無法否認，字、詞和句子必須以線性的方式、按照邏輯順序，一個個蹦出來；而系統則是一個整體，同時發生和並存，它們相互連接，不只是單向、線性的關係，而是同時存在多個方向上的多種連接。從某種意義上講，為了更好地討論系統，我們有必要使用一種「新語言」，以便完整地呈現系統的特性。

因此，圖表勝於文字，因為你一眼便可以看到整個圖表，包括它所有的構成部分以及它們是如何相互連接的。在本書中，我會從非常簡單的圖表開始，逐步構建系統框架。根據我的經驗，我相信，讀者朋友們會很容易理解這種圖表化的語言。

我們首先從系統基礎開始，包括系統的定義以及對其構成要素（部件）的解析。儘管這是一種還原論式的、非整體的方式，但它對於我們理解系統的原理必不可少。接著，我會把這些要素放回原位，好讓大家明白它們之間如何相互關聯，這也是連結系統的基本運作單

元：反饋迴路。

　　然後，我會帶領大家走進「系統大觀園」一窺究竟。其中包括我蒐集的一些常見的、很有趣的系統；我會選擇其中幾種系統詳加解讀當成示範，讓大家看清楚它們是如何運作的，為什麼會如此運作，以及我們能在哪裡找到它們。事實上，你能認出它們，它們就在我們身邊，甚至，就在你的體內！

　　以此為基礎，我會帶領你共同討論這些系統如何以及為什麼能夠如此優雅地運作，為什麼它們經常讓我們感到出乎意料、到處碰壁。我也會解釋系統的一些「怪異」特徵的成因：

- 為什麼系統中的每個要素或事物都在忠實、理性地運作，而所有這些善意的行動加起來，卻經常得到很差的結果？
- 為什麼系統整體發展變化的速度，要快於或慢於每一位成員的想像？
- 為什麼過去一直奏效的一些做法，現在卻突然失效？
- 為什麼系統會突然毫無任何徵兆地，呈現一種你以前從來沒有見過的行為？

　　這些討論將引領我們審視一些在系統思考領域（企業、政府、經濟和生態系統，生理學和心理學等）受到一再提及的常見問題。例如，當我們發現一些社區在共用水資源，或者幾所學校在共用財務資源時，就會說：「這是『公共資源的悲劇』（tragedy of the commons，《第五項修練》中譯為「共同的悲劇」）的又一個典型案例。」

　　又如，當我們看到公司現有的業務規則和獎勵政策阻礙新技術的開發時，就會說：「這完全就是『目標侵蝕』（drift to low performance）。」

再如，當我們研究決策與組織的關係時，經常能發現「政策阻力」的現象，無論是一個家庭、社區，還是一個國家，都是如此。同時，我們也經常能發現「上癮」的情況，不管引起上癮的媒介是咖啡因、酒精、尼古丁，還是麻醉劑。

系統思考研究者有時將這些常見的、會引發特定行為的系統結構稱為「系統基模」（archetypes）；而我在準備撰寫本書時，將其稱為「系統的陷阱」，後來我又加上「對策」二字，稱其為「系統的陷阱與對策」，因為這些基本模型既是一些頑固、棘手和潛在危害性極大的問題的根源，也是實現有效行為改變的「槓桿點」。**只要懂得系統原理，就可以在恰當的地方施加干預措施，從而獲得期望的轉變。**

了解這一點之後，我將和你一起探討如何改變我們生活中一些常見難題的系統結構，進而學習如何尋找到啟動變革的「槓桿點」。

最後，我將總結一些寶貴經驗，這些都是我所知道的大多數系統思考專家分享的智慧。對於希望繼續探索系統思考的朋友，我在本書附錄中提供一些深入學習的資源和指南，包括系統術語表、系統原理概要、常見的系統陷阱，以及本書第一部分所涉及的系統思考模型的方程式。

找到屬於你的系統之美

多年之前，在我們的系統思考研究小組從麻省理工學院（MIT, Massachusetts Institute of Technology）轉移到達特茅斯學院（Dartmouth College）後，一位工程系教授曾觀摩我們舉辦的研討會。過一陣子之後，他拜訪我們的辦公室。他說：「你們這些人十分與眾不同，你們

問不同的問題，看得見我所看不見的事物。總之，你們以不同的方式來看待這個世界。怎麼才能做到這一點？為什麼這樣做呢？」

這也是我希望在本書中講清楚的問題，尤其是最後的推論。我並不認為系統思考的觀察方式比還原主義的觀察方式更優秀，我認為二者是互補的，相互具有參考意義。就像有時候，你可以透過你的眼睛觀察某些事物，但有時又必須藉由顯微鏡或者望遠鏡觀察另外一些事物。

系統理論就是人類觀察世界的透鏡。透過不同的透鏡，我們能看到不同的景象，它們都真真切切地存在於那裡，而每一種觀察方式都豐富我們對這個世界的認知，使我們的認識更加全面。**尤其是當我們面臨混亂不堪、紛繁複雜且快速變化的局面時，觀察的方式愈多，效果就愈好。**

藉由系統思考的多稜鏡，我們可以重新找回對整個系統的直覺，並且訓練我們理解系統各個構成部分的能力，看清楚系統各個構成要素之間的關係，分析未來可能的行為趨勢，以更具創造性的方式重新設計系統，更有勇氣地面對系統性的挑戰。如此一來，我們就能充分發揮我們的洞察力，打造完全不同的自我和嶄新的世界。

系統思考寓言：盲人摸象

在古爾（Ghor）城旁邊，有一座城市，城裡的居民有不少是盲人。有一次，國王及其隨從、車隊經過這裡，在城市邊上安營紮寨。據說，國王騎著一頭大象，令國民十分敬畏。

所有人都期盼著能夠看一看這頭大象，就連城裡的一些盲人也隨著瘋狂的人流湧向國王的營地「爭睹」大象。

他們當然看不見大象長的什麼樣，只能在黑暗中摸索，把一片片憑著感覺得到的資訊拼湊起來。

每一位盲人都認為自己是對的，因為他們都對大象的某一部分有著真切的感覺。

摸到大象耳朵的那個盲人說：「大象是很大、很粗糙的，寬闊而平坦，就像一塊厚地毯。」

摸到大象鼻子的那個人說：「你說的不對，我說的才是對的。它就像一個直直的、中空的管子，很可怕，很有破壞性。」

另一位盲人摸到大象的腿和腳，他說：「大象是強壯有力的，很結實，就像一根粗柱子。」

每一位盲人都真切地感受到大象身體的一部分，但他們的理解都是片面的。[2]

這是一則古老的寓言故事，它告訴我們一個簡單卻經常被忽略的真理，那就是不能只藉由了解系統的各個構成部分來認識系統整體的行為。

原文注

1. Russell Ackoff, "The Future of Operational Research Is Past," *Journal of the Operational Research Society* 30, no. 2 (February 1979): 93–104.

2. Idries Shah, *Tales of the Dervishes* (New York: E. P. Dutton, 1970), 25.

第一部分

系統的結構和行為

第一章

系統基礎

無論一個問題多麼複雜,如果能以正確的方法去看待,它都
會變得簡單起來。

——波爾‧安德森(Poul Anderson)[1],美國科幻作家

總體大於部分之和

系統並不僅僅是一些事物的簡單集合，而是一個由一組相互連接的要素構成的、能夠實現某個目標的整體。從這一定義可見，**任何一個系統都包括三種構成要件：要素、連接、功能或目標。**

例如，你的消化系統包括牙齒、酶、胃、腸等要素，它們透過身體血液的流動和一系列化學反應產生相互的連接；消化系統的功能是將食物轉化為人體所需的基本營養成分，並將這些營養成分輸送到血流中（另一個系統），同時藉由新陳代謝，排出各種廢物。

再如，一支足球隊是一個系統，它的要素包括球員、教練、場地和足球等；它們之間透過遊戲規則、教練指導、球員技能、球員之間的交流以及物理法則等產生連接；而球隊的目標是贏球、娛樂、健身或賺錢等。

同樣，一所學校、一座城市、一家工廠、一個公司以及國家經濟等，都是系統。動物是一個系統，樹也是一個系統，而森林則是一個更大的系統，包含很多樹木和動物等這些子系統。地球是一個系統，太陽系、銀河系都是系統，包含地球和其他很多子系統。

因此，一個系統中可能包含很多子系統，而它也可以嵌入到其他更大的系統之中，成為那個更大的系統中的一個子系統。

那麼，有什麼事物不是一個系統嗎？是的，**沒有任何內在連接或功能的隨機組合體就不是一個系統。**舉例來說，隨機散落在路上的一

堆沙子，就其本身來說，就不是一個系統，因為它們之間沒有什麼穩定的內在連接，也沒有特定的功能。你可以任意添加或取走一些沙子，而它們仍舊只是路上的一堆沙子。

但是，對於系統來說，如果你更換其中的要素，系統就受到改變。例如，如果你引進或開除球員，或者將你消化系統中的某些器官進行一些調整，那麼它們很快就不是原來的那個系統。當一個生物死去，使其成為一個有機系統的多種連接不再產生作用時，它就喪失身為一個系統的存在狀態，儘管它仍是一個更大的食物鏈系統中的組成部分。同樣地，在一座老城中，人們彼此熟識、經常交流，就會形成一個社會系統；而一個充滿陌生人的新街區，就不是一個社會系統，直到這些人之間產生一些新的連接關係，才會形成一個系統。

・系統思考訣竅・

系統思考對於一個系統來說，整體大於部分之和。任何一個系統都包括三種構成要件：要素、連接、功能（或目標）。它具有適應性、動態性、目的性，並可以自組織、自我保護與演進。

可見，系統既有外在的整體性，也有一套內在的機制保持其整體性。系統會產生各種變化，對各種事件做出反應，對各種錯誤或不足進行修補、改善和調整，以實現其目標，並生機勃勃地生存下去，儘管很多系統本身可能是由各種無生命的要素構成的。系統可以自組織（self-organization），並且常能藉由局部的瓦解自行修復（self-repairing）；它們具有很強的適應性，很多系統還可以自我進化、演變，生成另外一些全新的系統。

從關注要素到透視遊戲規則

> 因為「一加一等於二」，所以你自認為只要知道「一」，
> 就能知道「二」，但是你忘了，你還必須理解兩個「一」之間
> 的關係。
>
> ——蘇菲教育故事（Sufi teaching story）

　　構成系統的要素是比較容易發現的，因為它們多數是可見、有形的事物。例如，樹是由樹根、樹幹、樹枝、樹葉這些要素構成的。如果更仔細地觀察，你還會發現其中有一些更小、更具體的單元，如流動著液體的葉脈以及葉綠體等。一所大學也是一個系統，它由建築物、學生、教師、管理人員、圖書館、圖書、電腦等構成等，諸如此類，不勝枚舉。

　　當然，**要素並不一定是有形的事物，一些無形的事物也可以是系統的要素**。像是在一所大學中，學校的聲譽和學術能力就是該系統中至關重要的兩大要素。事實上，當你想羅列出一個系統中的所有要素時，你會發現那幾乎是一項不可能完成的任務。你可以把一些大的要素分解為若干子要素，並進而細分為子子要素，但很快，你就會迷失在系統中，正如人們所說的「見樹不見林」。

　　為避免這種情況，你應該從細究要素轉向探尋系統內在的**連接關係**，即研究那些把要素整合在一起的關係。

請思考以下問題

如何才能知道你觀察的是一個系統，而不是一堆材料的集合？

1.你能夠識別出各個部分嗎？

2.這些部分相互之間有連結嗎？

3.這些部分單獨作用時產生的影響和它們整合在一起時產生的影響有所不同嗎？

4.這些影響和長期的行為在各種環境中都是固定不變的嗎？

在樹木系統中，內在的連接關係是那些影響著樹木新陳代謝過程的物質流動和化學反應，也就是讓系統中某一部分對另外一些部分的狀況做出反應的各種信號。

例如，晴天時，當樹葉散失水分，負責輸送水分的葉脈中的壓力就會減小，從而從樹根那裡汲取更多的水分；相反地，如果樹根察覺到土壤變得乾燥、水分減少，葉脈中壓力減小的信號就會讓樹葉關閉毛孔，以避免流失更多的水分。

在溫帶，隨著白晝的逐漸縮短，落葉樹木會釋放出一些化學信號，使樹葉中的養分向樹幹和樹根傳輸，從而導致葉莖枯萎、樹葉脫落。甚至當某個部分遭到害蟲攻擊時，樹木也能發出一些信號，讓自身產生驅蟲的化學反應或形成更加堅固的細胞壁。

沒有人了解是什麼讓樹木做出這樣的反應，但這也不足為奇，因為研究系統的要素畢竟要比研究其內在的關係簡單得多。

在一個大學系統中，內在連接包括入學標準、學位要求、考試和分數、預算和現金流、人們的閒聊等。當然，最重要的是知識的交流，這或許才是整個系統的根本目的。

系統中的某些連接是實實在在的物質流，例如樹幹中的水分，或者學生在大學中的改變；還有很多連接是資訊流，也就是系統中影響決策和行動的各種信號。這類連接通常很難被發現，但只要你用心，就會看到它們。

例如，學生們可能會藉由一些非正式的資訊管道，了解每門課獲得高分的概率，從而決定選修哪些課；消費者可能會參考其收入、儲蓄、貸款額度、家中的存貨量、商品價格和數量等資訊，來做出是否購買的決策；政府在推出切合實際的防治汙染法規之前，也需參考水汙染的種類和數量等資訊（當然，了解問題存在的相關資訊是必要的，但還不足以採取行動；我們還需要了解資源、動機和結果等資訊）。

系統思考訣竅

　　系統中的很多連接是藉由資訊流進行運作的。資訊使系統整合在一起，並對系統的運作產生重要影響。

如果說基於資訊的連接都很難被發現的話，那麼就更難察覺與系統的功能或目標有關的連接。只有藉由分析系統的運作，我們才有可能明確地表述出系統的功能或目標。**要想推斷出系統的目標，最好的方法就是仔細地觀察一段時間，看看系統有哪些行為。**

如果一隻青蛙向右轉捉住一隻蒼蠅，然後向左轉又捉住另一隻蒼蠅，接著又向後轉捉住第三隻蒼蠅，那麼我們就可以判斷出青蛙的目的並非是向左、向右或向後轉身，而是為了捕捉蒼蠅。如果一個政府宣稱要保護環境，卻只為此撥出極少量的資金，投入很少的精力，那麼我們就可以判斷出政府的實際目的並非保護環境。因此，**必須藉由實際行為推斷系統的目標，而不能只看表面的言辭或其標榜的目標。**

溫控系統的功能是讓建築物內的溫度保持在一個設定的水準；植物的功能是結出果實、繁衍更多的植物；國家經濟的目標是保持成長。**幾乎每一個系統都有一個重要的目標，那就是確保自我永存。**

·系統思考訣竅·

　　一般而言，「功能」一詞常用於非人類系統，而「目標」一詞則用於人類系統。但它們之間的區分並不是絕對的，因為很多系統兼具人類和非人類要素。

　　系統的目標不一定符合人們的初衷，或系統中某個個體的意願。在很多情況下，系統中各個要素的目標是不一致的，並都會或多或少地對系統整體行為產生影響。最後，系統所呈現出來的結果很有可能事與願違，誰都不滿意，誰也不願樂見。就像我們現在的社會，吸毒和犯罪日益猖獗，但是沒有人主觀上想要這樣。以下是我們所處的社會系統中一些角色的意願，而這些意願彙總起來，就有可能形成上述景象。

- 有些人想要儘快擺脫心靈上的傷痛；
- 農民、商人和銀行家都想要賺錢；
- 販毒人員對法律的約束無所畏懼，但是又害怕員警盤查；
- 政府頒布禁毒法令，並借助警力維護法律，打擊毒品販賣；
- 富人們居住在離窮人很近的地方；
- 吸毒者更關心如何保護自己，而非戒除毒癮。

　　在社會系統中，上述這些要素各自的目標看起來都是正當的，但它們組合成為一個系統，相互影響，就造成吸毒和犯罪日益蔓延並很

難根除的惡果。**由於系統嵌著系統，所以目標中還會有其他目標。**

例如，如果說一所大學的目標是創造和保護知識，並將知識代代相傳，在其中，學生們的目標就可能是取得好的分數，教授們的目標或許是保住飯碗，而管理人員的目標是預算平衡。這些個體的目標有可能與總目標衝突：學生們為了獲得好的分數可能在考試中作弊，教授們可能會忽視教學而一心只顧著發表論文，管理者可能會解雇優秀的教授以實現預算平衡。

一個成功的系統，應該能夠實現個體目標和系統總目標的一致性。我們會在後面討論系統的層級時，再來深入探討這一問題。

如果系統中的個體是一個個接著發生變化，那麼，我們就能夠識別週出系統中有哪些要素、它們之間的內在連結、系統的目標以及各種要素的相對重要性。

然而，事實並非如此。雖然系統中的某些要素是很重要的，但是，一般而言，**改變要素對系統的影響是最小的。**即使更換一支足球隊中的所有隊員，它仍是一支球隊（當然，有可能表現得更好或者更糟）；一棵樹的細胞、樹葉年年都在不斷地變化，但它仍是同一棵樹；你的身體每隔幾週就會更換掉大部分細胞，但那仍是你的身體；大學中的學生每年都在不斷流動，教授和管理人員也會緩慢變化，但它仍是一所大學；即使更換所有成員，通用汽車（GM, General Motors）和美國國會也依然如故。總之，**只要不觸動系統的內在連接和總目標，即使替換掉所有的要素，系統也會保持不變，或者只是發生緩慢的變化。**

相反地，如果改變內在連接，系統就會發生巨大的變化。以球隊為例，如果球員之間的關係更親密、配合程度提高，即使還是那些球員，整個球隊也可能會變得耳目一新；如果改變足球或籃球比賽的規則，我

們肯定會看到一種全新的比賽；如果我們改變樹木中的內在連接（例如，不再讓它吸入二氧化碳且呼出氧氣，而是相反），那它就不再是樹（或許會變成動物）；如果在一所大學中，不是教授為學生打分數，而是由學生給教授評分；或者在爭論時不是以理服人而是以暴取勝，那麼我們就不能稱其為大學。這或許是個有趣的組織，但絕不是大學。**總之，改變系統中的內在連接，會讓系統發生顯著的變化。**

．系統思考訣竅．

　　系統中最不明顯的部分，是它的功能或目標，而這經常是系統行為最關鍵的決定因素。

　　同樣，功能或目標的改變也會對系統產生重大影響。如果仍舊保留那些球員和規則，但改變比賽的目標（看誰輸而不是誰贏）；如果樹木的生存目標不是為了繁衍後代，而是為了獲取土壤中所有的營養成分，以無限成長；如果大學的目標不僅是傳播知識，還要實現賺錢、教導民眾、贏取球賽等目的，情況會怎麼樣？顯然，**目標的變化會極大地改變一個系統，即使其中的要素和內在連接都保持不變。**

　　有人可能會問：「要素、內在連接和目標對系統來說，哪個是最重要的呢？」以系統的觀點來看，這個問題本身就是個假議題。

系統提示：系統三要件的關係

　　對於系統來說，要素、內在連接和目標，所有這些都是必不可少的，它們之間相互連結，各司其職。一般來說，系統中最不明顯的部分，即功能或目標，才是系統行為最關鍵的決定因素；內在連接也是至關重要的，因為改變要素之間的連接，通常會改變系統的行為；儘管要素是我們最容易注意到的系統部分，但它對於定義系統的特點通常是最不重要的（除非是某個要素的改變也能導致連接或目標的改變）。

　　例如，更換國家最高領導人。像前蘇聯領導人由布里茲涅夫（Leonid Brezhnev）換成戈巴契夫（Mikhail Gorbachev），或者是前美國總統由卡特（James Earl Carter, Jr.，俗稱Jimmy Carter）換成雷根（Ronald Reagan），雖然這個國家的土地、工廠和億萬民眾仍然保持不變，但仍有可能把整個國家引向全新的方向，因為新的領導人可以為土地、工廠和民眾制定新的規則，或讓國家系統的目標發生改變。當然，也有可能什麼都不會發生，因為土地、工廠和民眾是國家系統中長期存在的物質要素，變化相對緩慢，任何一個領導人對整個國家的改造程度都是有限的。

理解系統行為的動態性

大自然中蘊藏的資訊使我們能重現一部分歷史。河流的改道、地殼的運動等，所有這些世界變遷的真實痕跡，都像是遺傳系統中的資訊儲存器；隨著儲存資訊的不斷增加，系統的結構也會日益複雜。

——羅蒙・馬格列夫（Ramon Margalef）[2]，西班牙生態學家

「存量」（stock）是所有系統的基礎。**所謂存量，是指在任何時刻都能觀察、感知、計數和測量的系統要素**。如其名稱所示，在系統中，存量是儲存量、數量或物料、資訊在一段時間內的累積量。它有可能是浴缸中的水、人口數量、書店中的書、樹木的體積、銀行裡的錢等。但是，存量不一定非得是物質的，你的自信、在朋友圈中的良好口碑，或者對世界的美好希望等，都可以是存量。

存量會隨著時間的變化而不斷改變，使其發生變化的就是「流量」（flow）。**所謂流量，是一段時間內改變的狀況**。例如浴缸中注入或流出的水量、出生或死亡的人數、買入或賣出的數量、成長或衰退、存入或取出、成功或失敗等（如**圖1-1**所示）。

・系統思考訣竅・

存量是對系統中變化量的一種歷史紀錄。

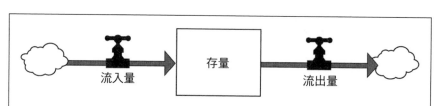

【圖1-1 存量—流量圖】

如何閱讀存量—流量圖

　　在本書中，存量用文字加方框表示，流量則用流入或流出存量的、帶箭頭的水管表示。在每個流量上標有一個T型圖案，代表「水龍頭」，表示流量可以被調高或調低、打開或關閉；在流量的前端或後端，有時會有一個「雲朵」圖案，表示該流量的資源和消耗，也就是該流量從哪裡來、到哪裡去。雖然我們可以進一步說明這些來源和去處，但這樣會使得對於當前系統的分析變得太龐雜。因此，出於簡化的需要，我們可以把這些因素以「雲」概略地表示。

　　例如，地下的礦藏是存量，隨著人們發現和開採該礦藏，會產生礦藏開採的流量。由於礦藏的形成（流入量）可能是數百萬年前各種複雜地質變化的綜合作用，很難全面表述，因此這裡用一個簡單的存量－流量圖進行描述（如**圖1-2**所示，圖中沒有畫出流入量）。

【圖1-2　礦藏儲量慢慢遭到開採、消耗】

大壩後面水庫中的水也是一個存量，流入量有雨水和來自江河的水，流出量包括水的蒸發和堤壩放水或洩洪（如**圖1-3**所示）。

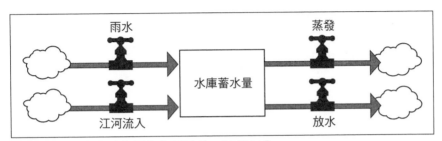

【**圖1-3　水庫中的存量和各種流入、流出量**】

一片森林中所有樹木的蓄積量也是一個存量，流入量是樹木的生長，流出量包括樹木的自然死亡和伐木工的砍伐。被砍伐的木材累積起來，會形成另外一個存量，即伐木工廠裡木材的存貨量；而當木材出售給客戶時，就會產生一個流出量，減少庫存（如**圖1-4**所示）。

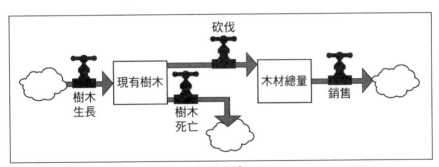

【**圖1-4　一片森林中的存量和各種流量**】

如果你能夠理解各種存量和流量的動態特性，也就是它們隨時間流逝而產生的各種行為變化，你就能更理解複雜系統的行為。現在，讓我們以大家都多少有些體驗的「浴缸」為例，來理解存量和流量的動態特性（如**圖1-5**所示）。

【圖1-5　浴缸系統的結構：存量、流入量和流出量】

　　想像一下，當一個浴缸盛滿水，當塞住排水口且關掉水龍頭時，這是一個毫無變化、沒有活力、乏味的系統。現在，如果我們拔掉塞子，水就會流出去，浴缸中的水位會不斷下降，直至浴缸中的水完全流盡（如**圖1-6**所示）。

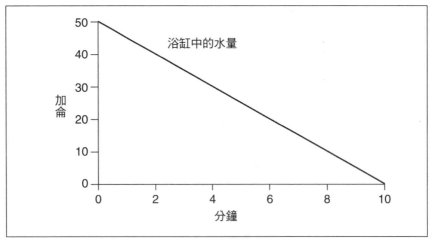

【圖1-6　當拔掉塞子時，浴缸中的水位變化情況】

　　現在，讓我們再想一想那個盛滿水的浴缸。我們再次拔出塞子，但這次，當浴缸還剩下一半水量時，我們打開水龍頭，讓水流進浴缸，並使流入浴缸的水與流出的水保持同等速率。這時會發生什麼

呢？很簡單，浴缸裡的水位將保持不變，即處於一種動態平衡的狀態。（如**圖1-7**所示）

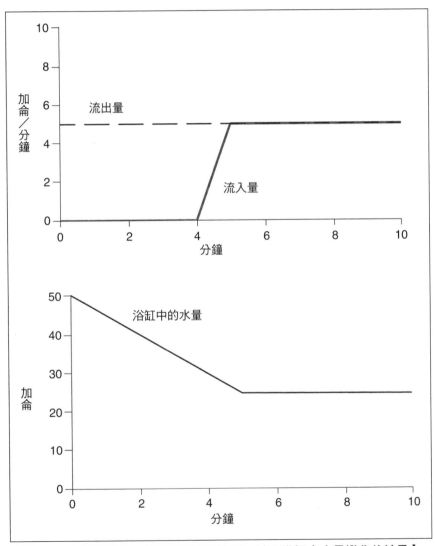

【**圖1-7　水持續流入、流出5分鐘的情況，以及浴缸中水量變化的結果**】

系統提示：關於行為模式圖的閱讀提示

　　系統思考者經常會使用圖表來輔助理解系統的動態變化，了解系統行為隨時間而變化的趨勢或模式，而不只是關注個別的事件。借助行為模式圖，我們可以判斷系統是否正在趨向某個目標或極限點變化，也可以了解其變化的速度。

　　圖表中的變數可以是存量，也可以是流量。在閱讀這類圖表時，要重點關注其變化模式，即表述變數數值變化的線條的形狀和方向，相對來說具體的數字並不重要。

　　橫軸是時間軸，有助於你探究問題的來龍去脈，促使你關注所研究問題的時間範圍。

　　假如我們把水龍頭開得再大一些，讓水流入的速度稍大於流出的速度，那麼浴缸中的水位將會緩慢上升。接著，我們再把水龍頭調小，使水的流入和流出速度保持一致，那麼浴缸中的水位又會停止上升。相反地，將水龍頭的水量轉小，水位則會緩慢下降。

　　上述的浴缸就是一個非常簡單的系統，只有一個存量、一個流入量和一個流出量。由於在我們考察的時間範圍內（數分鐘），浴缸中水的蒸發量微乎其微，所以我們未將這部分流出量計算在內。**所有的模型，無論是心智模型還是數學模型，都是對現實世界的簡化**。借助這些模型，我們可以了解浴缸系統所有可能的動態變化。由此，你可以推斷出幾項重要的原則，它們同樣適用於其他更為複雜的動態系統：

・當所有流入量的總和超過流出量的總和，存量的水準就會上升。

* 當所有流出量的總和超過流入量的總和，存量的水準就會
下降。

* 如果所有流出量的總和與流入量的總和相等，存量的水準
將保持不變；事實上，無論在任何情況下，當系統的流入
量和流出量相同時，系統就處於動態平衡的狀態。

人類的大腦似乎更加容易關注存量，而不是流量。更進一步說，當我們關注流量時，我們更容易傾向於關注流入量，而不是流出量。 因此，我們有時候會忽視這樣一個事實：如果要注滿浴缸，不能只是提高流入速率，還需要降低流出速率。每個人都能認識到，要想維繫當今這個離不開石油的經濟體系，我們可以加大探勘力度，不斷發現新油田；但是，並不是每個人都可以很好地認識到，同樣的結果也可以藉由減少石油的消耗來實現。如果能在能源使用效率方面實現更大的突破，這和發現一個新油田、增加可用石油儲量的效果是一樣的。當然，從中獲利的人是不同的。

像是可以透過雇用更多人擴大公司規模，也可以減少員工的辭職率或解雇率；這兩種策略的成本可能差異很大。可以藉由投資、建立更多的工廠和機器設備增加國家的財富，也可以減少工廠和機器設備的磨損、故障或停工；一般來說，後者可能成本更低。

系統思考訣竅

要想使存量增加，既可以透過提高流入速率來實現，也可以透過降低流出速率來實現。請注意，要灌滿一個浴缸，不是只有一種方式。

　　你可以突然調整浴缸的流量（完全打開排水管或關上水龍頭閥門），但要想快速地改變存量（水位）就要困難得多。即使你把排水管完全打開，浴缸裡的水也不可能一下子排空；同樣，即使你把水龍頭開到最大，也不可能馬上灌滿浴缸。**存量的變化需要時間，因為改變它的流量運作需要時間。這是一個關鍵點，是理解各種系統行為為什麼如此運作的一把鑰匙。**因為存量的變化一般比較緩慢，它們可能表現為延遲、欠貨、緩存、壓艙物以及系統中動量的源泉等。**存量，尤其是比較大的存量，在應對變化時，只能藉由逐步的增加或釋放來實現，即使對於突然的變化也是如此。**

　　人們經常低估存量的內在動能。

　　例如，人口的成長或停止成長、森林中木材的蓄積、水庫蓄水、礦藏的耗盡等，都需要花很長的時間。國家的富足，大量工廠和基礎設施（如高速公路、發電廠等）的建立，都不是在一朝一夕之間，即使你有大把大把的鈔票也不可能一夜之間建成。

　　一旦建立一個依賴石油的經濟體，每天運作大量的熔爐、汽車發動機，就都需要燃燒石油，即使石油價格暴漲，它們也不可能迅速改變，像是消耗另外一種能源以取代石油。對地球大氣臭氧層造成破壞的汙染物，是數十年甚至近百年來，人類活動迅速增加並且疏於防止汙染所累積的結果；而要想清除這些汙染物，也需要花費數代人的心血和智慧。

　　因此，可以說存量的改變設定系統動態變化的速度。工業化的進展速度不能超過工廠和機器設備建設的速度，也不能超過培養出經營這些工廠、操控這些機器設備的合格勞動者的速度。森林不可能一夜之間長成。一旦汙染物在地下水中沉積，就只能隨著地下水更新的速度慢慢消除，而這可能需要耗時數十年甚至數百年。

·系統思考訣竅·

　　存量的變化一般比較緩慢，即使在流入量或流出量突然改變的情況下也是如此。因此，存量可以在系統中發揮延遲、緩存或減震器的作用。

　　在系統中，由於存量變化緩慢而產生的時間滯後可能會導致一些問題，與此同時，它們也是系統穩定性的根源所在。土壤是數個世紀沉積而形成的，它們不可能瞬間被沖刷、流失殆盡；人類社會數千年沉澱下來、世代相傳的知識和技能，也不可能轉眼間被遺忘；雖然當代人抽取地下水的速度遠快於其補充的速度，但由於地下水儲量豐富，在相當長的時間裡，即使地下水位一直緩慢下降，也還不至於達到無以為繼的地步。因此，**存量變化緩慢所產生的時間延遲，讓人們具備一定的餘地調整、嘗試一些做法，並根據反饋來修訂那些不奏效的政策。**

　　如果你對存量的變化速度有正確的認知，你就不會「揠苗助長」，期待事物變化的速度超出其特定規律；同時，你也不會過早地放棄，因為你知道一項措施要想見到成效，也需要時間；此外，你也可以更好地把握系統動量所展現的機會「順勢而為」，就像一個高超的柔道選手善於利用對手的力量那樣，聰明地實現自己的目標。

　　對於存量在系統中所起的作用，還有一個更為重要的原則，那就是：**由於存量的存在，流入量和流出量可以相互獨立，並在一定時期內不必保持平衡或一致。這一原則可以引導我們直接了解反饋的概念。**

　　如果沒有這一原則，很多事情將難以想像。比如，要讓煉油廠生產、加工汽油的速度與整個社會消費石油的速度完全一致，幾乎是不可能的事；要讓木材砍伐的速度精確地等於樹木生長的速度，也是不

現實的。石油公司可以生產汽油，儲存在油罐中；森林中木材的儲量，以及木材公司的庫存等，這些都是存量。正是由於這些存量的存在，即使短期內某些流量的波動很大，人們的生活仍然可以保持一定的確定性、連續性和可預測性。

・系統思考訣竅・

由於存量的存在，流入量和流出量可以分離，相互獨立，並可以暫時地失衡。

事實上，人類發明成千上萬種存量維持機制，以確保流入和流出量相互獨立和穩定。

例如，為了使當地居民和下游的農民能更穩定地生活和工作，不必擔心江河來水的波動性導致旱澇不均，人們在河流上游興建水庫；為了讓你能夠支付各項生活開銷，不必讓自己花錢的速度完全等於你賺錢的速度，人們建立銀行；為了讓生產能夠順暢地進行，不必受最終用戶需求波動性的影響，人們建立供應鏈體系，並在其各個環節（從生產商、分銷商、批發商到零售商）都保留一定的庫存量，這同時也可以讓消費者在想要購買某種產品時能夠及時買到，不必完全受工廠短期內生產波動的影響。

由於大量存量維持機制的存在，大多數個人和組織的決策也會受到存量水準的影響：如果庫存過高，就會降低價格，或者增加廣告或促銷方面的預算，以增加銷售量，削減庫存。

如果家中廚房裡食物儲量不多，你就會去商店採購，以補給備糧；如果地裡種植的農作物產量增加或減少，農民就會想辦法澆水、施肥或除蟲，穀物公司就會考慮要預定多少倉庫貯存和運輸這些糧食，投機商就會預測未來的糧價走勢，考慮買入或賣出；養殖戶就會多養或少養一些牲畜。水庫中的水位變化也會引發一連串的修補措施，避免其過高或過低。同樣地，你錢包中的錢，石油公司的石油庫存量，造紙廠的原料儲量以及湖中汙染物的含量等存量過多或過少，都會引發各種各樣的行動反饋。

人們不斷地監控存量的變化，根據其狀況和特定規則，制定決策並採取相應行動，以增加或降低存量水準，使其保持在可接受的範圍內。這些決策累加起來，會對各種相關的系統造成複雜的影響，帶來不同程度的起伏、漲落，也造成各種問題或取得成功。因此，從系統思考的角度來看，我們這個世界可以被視為各種各樣存量的組合，圍繞著這些存量，存在著各種不同的存量調節機制，而後者主要表現為各種各樣的流量。

這意味著，**系統思考者將世界視為各種「反饋過程」的組合。**

反饋：系統如何運作

> 資訊反饋控制系統是所有生物和人類行為的基礎，從緩
> 慢的生物進化到最先進的衛星發射。我們所做的任何一件
> 事，無論是個人，還是某個行業或社會，都離不開資訊反饋
> 控制系統。
>
> ——傑・福瑞斯特（Jay W. Forrester）[3]，系統動力學創始者

如果存量飛速地成長、急劇地下降，或維持在某個特定的範圍
內，不管周圍情況如何變化，我們可以很肯定地說，這個系統中存在
一種控制機制，並正在發揮作用。換言之，如果你看到某一種行為持
續一段時間，就一定存在導致這種行為產生的作用機制。這種作用機
制是透過反饋迴路（feedback loop）運作；因此，長期保持一致的行為
模式是反饋迴路存在的首要線索。

**當某一個存量的變化影響到與其相關的流入量或流出量時，就形
成反饋迴路。** 反饋迴路可能非常簡單而直接。想像一下你的儲蓄存款
帳戶，假設銀行和你約定按照複利的方式向你支付利息（也就是俗話
常說的「利滾利」），利息的多少取決於你帳戶中的餘額和當前的利
率。這樣的話，你帳戶中的餘額（存量）會影響到利息的多少，而利
息當成一個流入量，也會使下一年的帳戶餘額增加。按照這種演算
法，銀行每年向你支付的利息並不是一個固定的數值，而會隨著上一
年帳戶餘額的增減而變動。這樣就形成一個簡單的反饋迴路。

當你每個月檢查自己的活期存款帳戶對帳單時，你也會發現另外
一類反饋迴路，也很簡單、直接。假設現在你的活期存款帳戶中可用
現金（存量）很少，你可能會因為壓力而去做更多的工作、賺更多的

錢。這些錢會當成流量，進入你的銀行帳戶，這樣就可以提高可用現金存量的水準，達到讓你滿意的程度。如果帳戶中可用現金很多，你可能願意放鬆一下，不用再那麼努力地工作，這樣賺的錢（流入量）就減少。這一類反饋迴路能使你的可用現金水準（存量）保持在一個自己滿意的範圍內。當然，賺錢並不是唯一作用於現金存量的反饋迴路，你還可以調節自己的消費支出（流出量）。顯而易見地，這是另外一個調節現金存量的反饋迴路。

> **系統思考訣竅**
>
> 　　一個反饋迴路就是一條閉合的因果關係鏈，從某一個存量出發，並根據存量當時的狀況，經過一系列決策、規則、物理法則或者行動，影響到與存量相關的流量，繼而又反過來改變存量。

　　反饋迴路可能導致存量水準維持在某一個範圍內，也可能使存量成長或減少。在任何一種情況之下，只要存量本身的規模發生改變，與之相關的流入量或流出量也會隨之而變。不管是誰或怎樣監控存量的水準，一旦存量水準有變化，系統就會啟動一個修正的過程，調節流入量或流出量的速度（也有可能同時調整二者），從而改變存量的水準。這又會產生一個反饋信號，再次啟動一個控制行動，從而形成一系列連鎖反應（如**圖**1-8所示）。

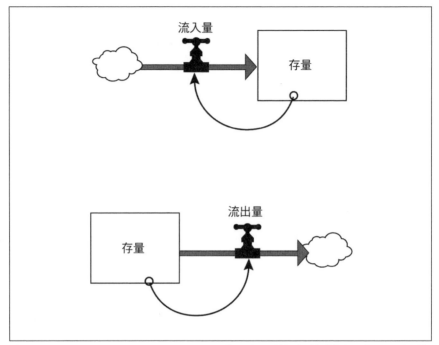

【圖1-8　帶反饋迴路的存量—流量圖】兩個圖都清晰地標示存量、影響和改變存量的流量，以及指出行動方向的資訊連接（以一個帶箭頭的曲線來表示）。它強調的是，行動或改變通常是藉由調整流量的方式進行的。

　　不是所有系統都有反饋迴路。一些系統是相對簡單的、由若干存量和流量構成的、兩端開放的鏈條，它們可能會受到外部因素的影響，但是鏈條上存量的水準並不影響其流量。然而，更為常見的是包含反饋迴路的系統，通常也更為簡練且令人驚奇。我們稍後就會見識到。

自動洄游的魚：調節迴路

　　有一種常見的反饋迴路，其作用是使存量的水準保持穩定，就像我們在前面提到的活期存款帳戶的例子一樣。當然，我們所說的「使存量的水平保持穩定」，並不是說存量的水準要完全精確地保持在某一個固定的數值上，而是說保持在一個可接受的範圍之內。接下來，我會列舉一些為大家所熟知的例子，它們都包含一個能使存量保持相對穩定的反饋迴路。這些例子可以讓我們更為深入地了解反饋迴路。

　　如果你習慣喝咖啡（或茶），當你感覺有些倦怠時，你可能會煮上一杯濃濃的黑咖啡，讓自己重新振作起來。你，身為喝咖啡的人，在頭腦中有一個期望的精神狀態；當你察覺到實際精神狀態與期望狀態之間存在差異時，你會藉由喝咖啡這一系統，攝入咖啡中的咖啡因，從而調整自身能量的新陳代謝，使自己的實際精神狀態（存量）接近或達到期望的水準。當然，你喝咖啡可能還有其他目的，比如喜歡咖啡的味道或者是一項社交活動等，在此不討論。

　　請大家注意**圖1-9**中名詞短語的標籤，和本書中其他所有圖表中的標籤一樣，它們都是無方向性的。像是「身體內儲存的能量」而不是「能量水準**低**」；是「咖啡攝入量」而不是「喝**更多**的咖啡」。我這樣做的原因是，反饋迴路通常可以往兩個方向運轉。

　　在上面這個案例中，該反饋迴路既可以起到為你補充能量的作用，也可能導致能量供應過量。如果你喝下過多的咖啡，發現自己能量過剩，過於亢奮，你必須活動一下，讓代謝過多的咖啡因。與期望的能量水準比，過高的能量會產生差異感，告訴你的身體「太多了」，這樣會讓你減少咖啡攝入量，直到身體的能量水準降至合適的範圍。因此，使用無方向的標籤可以提示我們，影響你身體的能量水準（存量）的反饋迴路可以往不同的方向運轉。

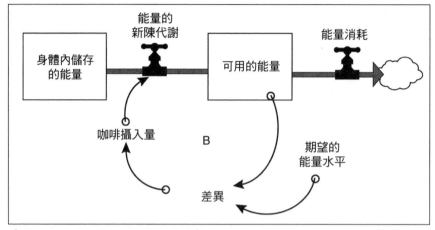

【圖1-9　喝咖啡的人的能量系統】

　　在我們剛才的討論中，我把身體能量的流入量來源做了簡化處理，忽略不計。現在，讓我們更深入探究這個問題，把系統圖變得稍微充實、複雜一些。**但是，請記住：所有系統圖，不管其繁簡程度如何，都是對現實世界的簡化；我們每個人都在以不同的複雜或簡化程度來看待這個世界。**

　　在本例中，我標出另外一個存量，也就是身體內儲存的能量，它可以受到咖啡因啟動。我之所以這麼做，是想告訴大家，在我們現在討論的系統之外還有更多的東西，不只是一個迴路這樣簡單。每一個喝咖啡的人都知道，咖啡因只是一種短期內見效的刺激物，它能讓你的「馬達」更高速地運轉，但卻不能為你的「油箱」補足燃料。過了一定時間，咖啡因的加速作用消失，而你的身體則因為過快消耗大量能量，而比以往更為疲乏。這一落差可能再次啟動一個反饋迴路，讓你再次跑到咖啡機前煮咖啡（久而久之，這樣就會產生一種「上癮」結構，我們將在後面進行討論）；或者可能啟動其他一些反饋活動，比如吃一些食物、散步、睡覺等，這比喝咖啡更為長期而健康一些。

　　這一類反饋迴路具有保持存量穩定、趨向一個目標進行調節或校正的作用，我們稱之為「調節迴路」（balancing feedback loop）。在圖中，我在該迴路的內部標示一個字母「B」，以示區別。當系統中存在調節迴路時，面對各種變化，它都會採取措施，消除這些變化對系統的影響，使存量保持在某一個目標值或可接受的範圍之內，系統行為會因此表現出「尋的」（goal-seeking）或「動態平衡」（stability-seeking）的特徵。無論你是想讓存量水準升高或降低，調節迴路都會想方設法，將其拉回到預期狀態或設定的範圍之內。

　　關於咖啡，我這裡還有另外一個調節迴路的例子，但它是藉由物理法則來起作用的，而不是依靠人的決策。大家都知道，煮完咖啡以後，如果你沒有及時把它喝掉，咖啡會逐漸冷卻到室溫狀態，而它冷卻的速度取決於咖啡的溫度和室溫之間的差距：二者的差距愈大，咖啡涼得就愈快。與上面的案例類似，這一迴路的作用方向也有兩種；另外一種情況是，如果你在夏天做了一杯冰咖啡，它將逐漸變熱，直到達到室內溫度為止。該系統的功能是縮小咖啡的溫度和室溫之間的差距，直至差距為零，不管二者的差距是正還是負（如**圖**1-10所示）。

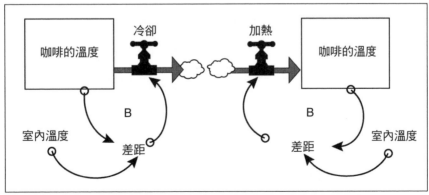

【圖1-10 一杯咖啡逐漸冷卻（左圖）或變熱（右圖）的迴路】

開始時，咖啡有不同的溫度，可能是僅低於沸點（熱咖啡）或者僅高於冰點（冰咖啡）一點點，如果你沒有把它們喝掉，經過一段時間之後，它們的溫度變化情況如**圖1-11**所示。在這裡，你可以看到調節迴路「自動尋的（返航）」的行為特徵。不管系統存量的初始值怎樣，也不管它是高於或低於「目標」狀態，調節迴路都會將其引導至目標狀態。一開始變化很快，後來逐漸趨緩，直到存量和目標之間的差距消失。

調節迴路的這一行為模式，也就是逐漸接近系統設定的目標，在大自然中是很常見的。例如，放射性物質逐漸衰變、導彈的自動導引、固定資產的折舊、水庫的蓄水或放水、你的身體對血糖濃度的調節，以及你在停車入位元時，都會經歷類似的行為模式。你還可以找出更多的例子，這個世界充滿自行修復的調節迴路。

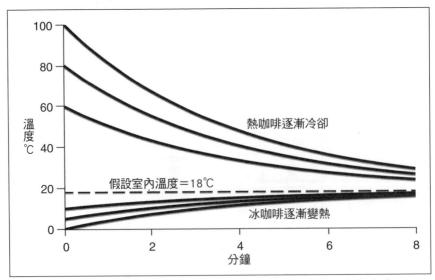

【圖1-11　咖啡的溫度逐漸接近室內溫度（假設室溫為攝氏18℃）】

　　反饋機制的存在並不一定意味著它可以更容易產生作用。有時候，相對於外部變化或影響而言，如果這些反饋機制不夠強大，它就無法將存量水準引導至期望的狀態，系統就會失效或被改變。**反饋其實是系統中各種要素之間的相互連結，是構成系統的資訊要件。因為種種原因，反饋有可能會失效。**

・系統思考訣竅・

　　在系統中，調節迴路是保持平衡或達到特定目標的結構，也是穩定性和抵制變革的根源。

　　例如，資訊有可能到達得太晚，或者沒有傳送到合適的地方；資訊有可能不清晰、不完整，或者難以被解讀；反饋觸發的行動可能力度太弱、過慢、受到資源的限制，或者根本無效。

　　大千世界是繁亂複雜的，在實際中，一些調節迴路的目標可能永遠也無法達到。當然，我們上面所舉的例子很簡單，咖啡的溫度一定會逐漸與室溫相同。

脫韁的野馬：增強迴路

> 我需要休息，讓我的大腦重新煥發活力，而旅行就可以讓我得到休息。但是，要能去旅行，我必須有錢。為了賺錢，我必須工作。我陷入「惡性循環」之中，根本不可能逃出它的魔爪。
>
> ——巴爾扎克（Honoré Balzac）[4]，19世紀著名作家

> 我們經常會遇到這樣一種狀況，看起來好像是循環反覆運算的：利潤下降是因為投資不足，而投資不足是因為利潤不佳。
>
> ——簡・丁伯根（Jan Tinbergen）[5]，經濟學家

第二類反饋迴路的作用是不斷放大、增強原有的發展態勢，自我複製，像「滾雪球」一樣。它們是一個良性迴圈或惡性循環，既可能導致系統不斷成長，愈來愈好；也可能像脫韁的野馬，導致局勢愈來愈差，造成巨大的破壞甚至毀滅。我們將這一類迴路稱為「增強迴路」（reinforcing feedback loop）。為了表示區別，我在這類迴路內部標注一個字母「R」。在這類迴路的作用下，系統的存量愈大，存量的流入量也就愈多，導致存量進一步變得更大；反之亦然。總之，**增強迴路會強化系統原有的變化態勢**。舉例如下：

- 兩個小孩子發生爭執，一個孩子打了另一個孩子一拳，後者就會踢前者一腳，這樣就導致前者更大力度地反擊。就這樣，衝突不斷升級。

- 物價升高，要想讓人們維持原有的生活標準，就需要給工人漲工資；而工資愈高，產品的價格就需要更高，以便企業能夠維持獲利。而這意味著，物價水準將變得更高，同時又需要給工人漲工資，如此迴圈不已。
- 野兔數量愈多，有生育能力的兔媽媽就愈多，生下來的兔寶寶也就愈多；而兔寶寶愈多，等它們長大以後，兔媽媽就變得更多，又會產下更多的兔寶寶。
- 土壤流失愈嚴重，植被就愈稀少；而植被愈稀少，鞏固和維繫土壤的根就愈少，從而導致更大的土壤流失，植被更稀少。
- 我練習彈鋼琴的次數愈多，技術水準愈好，從琴聲中體會到的樂趣就愈多，從而讓我更加願意彈琴，進行更多練習。

增強迴路也很常見，當你發現系統中某個要素具有自我複製或繁殖的能力，或者持續成長時，你就能找到推動其成長的增強迴路。還記得我們在上文中提到的那個銀行存款帳戶的例子嗎？銀行帳戶的餘額愈大，你所能獲得的利息就愈多，這使你的存款金額更大，你下一期獲得的利息更多（如**圖1-12**所示）。類似的例子還有很多，包括人口、經濟體系等。

圖1-13顯示的是在這一增強迴路的作用之下，你在銀行中的錢（初始值是100美元）是如何成長的。我們假設你在十二年中沒有對這一帳戶進行過其他存取款操作。圖中有五條曲線，分別對應的是五種不同利率的情況，從年利率2%～10%。

這不是簡單的線性成長，每一年的變化不是固定的。雖然在利率較低的情況下，銀行帳戶餘額頭幾年的成長看起來像是線性的，但實

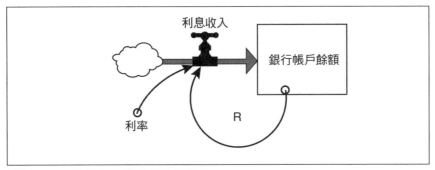

【圖1-12　銀行存款帳戶增強迴路】

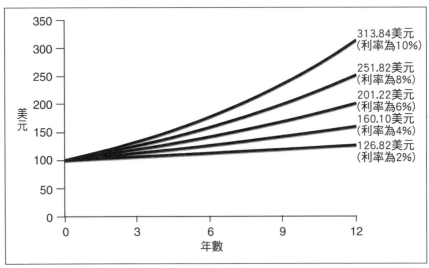

【圖1-13　在不同利率情況下，銀行存款帳戶餘額的變化狀況】

際上，它的成長是愈來愈快的。**餘額愈大，增加得愈多，此類成長被
稱為「指數曲線」**。當然，這是好消息還是壞消息，取決於到底是什
麼在成長，如果是存在銀行中的錢在成長，這就是好消息；倘若是你
借高利貸，要支付的利息在成長，這就是壞消息。當然，感染愛滋病
的人數在成長、玉米地裡的害蟲在成長、國家的經濟在成長，或軍備
競賽過程中武器裝備在成長，不同的人對好壞的評判是有差異的。

如**圖**1-14所示，你擁有的工廠和機器設備（一般被稱為「資本」）愈多，能生產出的產品和服務（「產出」）就愈多；這些產品和服務被銷售出去以後，你就能有更多的錢，投資建設更多的工廠和機器設備。就這樣，你做得愈大，賺得愈多，就能做得更大。這是一個增強迴路，也是任何經濟體系成長的核心引擎。

・系統思考訣竅・

增強迴路是自我強化的。隨著時間的變化，增強迴路會導致指數成長或者加速崩潰。當系統中的存量具有自我強化或複製的能力時，你就能找到推動它成長的增強迴路。

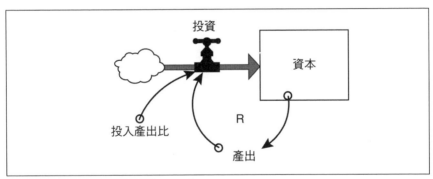

【**圖**1-14　資本再投資推動成長】

到現在為止，你可能已經了解調節迴路和增強迴路對於一個系統是多麼重要，它們是系統的基礎。有時候，我會讓學生們試著想像一下，如果**沒有**反饋迴路，我們人類在制定決策時會怎麼樣。也就是說，我們要在沒有任何關於存量水準資訊的情況下，做出與此相關的某項決策，結果會怎麼樣呢？請你也思考一下。你對反饋迴路了解得愈多，就會發現它幾乎無所不在。

關於「無反饋」型決策，我的學生們提到最多的就是戀愛和自殺。但是，我對此持保留意見。我也想把這一問題留給你思考，看看要做出戀愛或自殺這樣的決策，是否**真的**可以不包括反饋迴路在內。

我想提醒大家注意的是，如果你發現反饋迴路無處不在，那麼你已經處於成為一名系統思考者的「危險處境」之中。因為你不只是看到A如何影響B，也會開始探究B是否會以某種方式影響到A，以及A是否會增強它自身，或者相反。當你看到電視晚間新聞說，美國聯準會（Fed，Federal Reserve Bank）要推出某些措施以控制經濟時，你也會了解到國家的經濟體系肯定會有某些應對措施，反過來影響美國聯準會。

當某人告訴你人口成長導致貧困時，你也可能會問自己，貧窮是否會以某種方式導致人口的成長。諸如此類，隨著你對世界的認識日益加深，可能會使自己深陷其中、痛苦不堪，因為世界是如此複雜，想要看清楚非常困難，甚至是不可能的。

系統提示：對增強迴路和時間翻倍的提示

因為我們經常會遇到增強迴路，所以很容易知道這一速算訣竅：對於指數成長來說，存量翻倍所花費的時間，約等於70除以成長率（以百分數來表示）。

舉例來說，如果你把100美元存入銀行，年利率是7%，那麼10年後，你的錢會翻一倍（70÷7=10）；如果利率只有5%，那麼這筆錢要翻倍就需要花14年時間。

·系統思考訣竅·

想一想：如果A能引起B，那麼B是否也有可能引起A呢？

如此一來，你看到的世界就不再是靜態的，而是動態的。你將停止抱怨、指責他人，而是開始探尋「系統究竟是怎樣的？」反饋的概念讓我們看到，系統本身就可以產生其自身的行為，這是認識世界的一把新鑰匙。

到目前為止，我們所探討的案例，都是在一個例子中只包含一個或一類反饋迴路。當然，在真實的系統中，根本不是這個樣子。同一個系統中會存在很多不同類型的反饋迴路，它們經常以異常複雜的方式相互連結在一起。

即使某個單一的存量，也有可能同時受到好幾個增強迴路和調節迴路的影響，它們的力度不同，作用方向迥異。某一個流量也可能受到3個、5個、10個、20個存量的影響。它們可能使某個存量增加，而使另外一些存量減少，或者又可能引發一系列決策，調整另外一些存量。

在一個系統中，有如此之多的反饋迴路彼此連結在一起，相互影響：有的試圖使存量成長，有的想使其消亡，或者努力讓彼此保持平衡。正如你所見到的結果，複雜系統的行為是複雜多變、五彩繽紛，難以預測和駕馭，絕不只是保持穩定或平滑地趨向一個目標、呈指數成長或加速衰敗這樣簡單。我們在後文中會見識到這一點。

原文注

1. Poul Anderson, quoted in Arthur Koestler, *The Ghost in the Machine* (New York: Macmillan, 1968), 59.

2. Ramon Margalef, "Perspectives in Ecological Theory," *Co-Evolution Quarterly* (Summer 1975), 49.

3. Jay W. Forrester, *Industrial Dynamics* (Cambridge, MA: The MIT Press, 1961), 15.

4. Honore Balzac, quoted in George P. Richardson, *Feedback Thought in Social Science and Systems Theory* (Philadelphia: University of Pennsylvania Press, 1991), 54.

5. Jan Tinbergen, quoted in ibid, 44.

第二章

系統大觀園

所有理論的目標都是將基本要素盡可能減少和簡化，而不是考慮完整地呈現真實的體驗。

——愛因斯坦（Albert Einstein）[1]，物理學家

學習一項新事物最好的方法之一，是透過具體的範例，而不是抽象的理論。所以，在本章中，我會給出幾種常見、簡單但很重要的系統範例，來 明大家更好地理解系統，包括複雜系統的一些基本原則。

這就像我們參考動物園[2]，有利也有弊。好處是，我們可以在一個地方快速地看到很多不同種類的動物，讓自己對動物有一個整體的概念；但問題是，動物園中的動物並非世界上所有的動物，我們只不過接觸到部分代表，而且按科屬進行分類，像是這邊是猴子，那邊是熊。雖然你能藉由與熊的對比，觀察到猴子的行為特徵，但這樣的觀察是有缺陷的：一是動物園為便於管理，將各種動物彼此分隔開；二是動物園無法真實地再現動物們的生存環境。而在大自然中，各種動物是混雜在一起的，相互影響，與生態環境密不可分。

因此，我們在這裡所提到的幾類系統，在真實的情境中通常也是相互關聯、相互作用的；不僅如此，它們也會和我們沒有提到的其他一些系統相互影響，共同組成我們身處其中的各種複雜系統，嘈雜、喧鬧、紛擾、多變。

好了，現在，讓我們把生態系統放到一邊，先走進「系統大觀園」看看。

單存量系統

系統1.1：一個存量、兩個相互制衡的調節迴路的系統
典型代表：溫度調節器

在上一章所提到的咖啡冷卻的例子中，你已經認識調節迴路逐漸趨向於某個目標（即為「尋的」〔goal-seeking〕）的行為特徵，那麼，如果有兩個這樣的迴路，情況會怎麼樣？是否會牽引著一個存量朝向兩個不同的目標變化？

這類系統的一個典型範例是居室的溫度調節器裝置，它控制著你房間的生熱或製冷（如果是傳統的火爐，只能生熱；如果是現代的空調，就既能生熱，也能製冷）。跟其他模型一樣，**圖2-1**中的溫度調節器是一個簡化的家用生熱系統的工作原理。

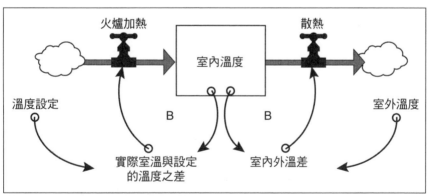

【圖2-1　受溫度調節器和火爐控制的室內溫度】

這一系統的工作原理很簡單：當室溫低於設定的溫度時，溫度調節器探測到這一差異後會發出啟動火爐加熱的信號，從而提高室內溫度；當室溫升高，超過設定溫度時，溫度調節器則不再加熱。這一調

節迴路由一個存量維持（如圖2-1中左半部分所示）。如果系統中沒有其他因素，並且你所設定的室溫是攝氏18℃，那麼該系統的運作情況將如圖2-2所示。由於一開始室內溫度很低，火爐會打開並開始工作，房間裡的溫度逐漸提高，當室溫達到設定的溫度時，火爐會關掉，房間會一直保持在你所設定的目標溫度。

　　然而，事實並非如此，這也不是系統中唯一的迴路，因為熱量會散失到室外。熱量流出的調節迴路如圖2-1中的右半部分所示。就像咖啡冷卻的案例一樣，這一迴路的目標是使室內外溫度一致。如果這是系統中唯一的迴路的話（也就是說假設沒有火爐），系統運作的情況就會如圖2-3所示，一開始室內較溫暖，然後熱量逐漸散失，室內溫度逐漸下降，最後和室外溫度相差無幾。

　　以上這種情況是假設房間的保溫效果不是很好，由於存在室內外溫差，一些熱氣會從室內散失到室外。房屋的保暖效果愈好，溫度降低的速度就會愈慢。

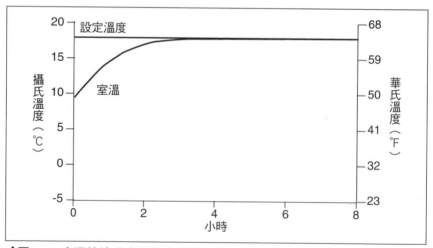

【圖2-2　室溫快速升高到設定的溫度】

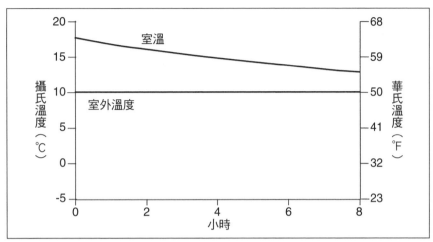

【圖2-3　室溫慢慢下降接近室外溫度】

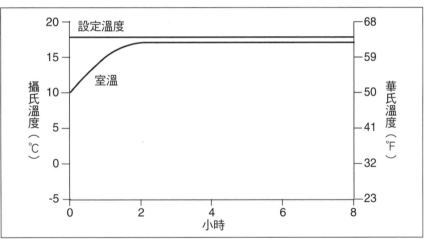

【圖2-4　生熱迴路取代製冷迴路居於主導地位】

　　好了，現在讓我們看一看，當以上兩個迴路同時運作時，情況會怎麼樣？假設房間的保溫效果足夠好，火爐的功率很充足，生熱的迴路將取代製冷的迴路居於主導地位；結果是，房間裡會很溫暖，即使剛剛你還在冰天雪地的日子裡，身在一個冰冷的房間裡（如**圖2-4**所示）。

隨著室溫升高，向外流出的熱量也在增加，因為室內外溫差加大，但是由於火爐持續加熱，流入的熱量超過流出的熱量，所以室溫會逐漸達到目標溫度。至此，火爐釋放的熱量與從室內流失的熱量達到均衡。

在這個案例中，雖然溫度被設定為攝氏18度，但均衡的室溫會略低於攝氏18度。這是因為存在向外的熱量散失；即使火爐因室溫未達到設定目標值而一直加溫，但同時仍有一些熱量在源源不斷地流失到室外。這是兩個相互矛盾的調節迴路，這樣的系統會呈現類似的特徵，有時會產生人們意想不到的結果。就像你試圖讓一個底下有漏洞的水桶裝滿水一樣，一切嘗試都是徒勞的。更糟糕的是，如果漏出的水受一個反饋迴路的影響，水桶裡的水愈多，水桶底的水壓愈大，從破洞中流出的水流量也會增加。在上述案例中，如果我們試圖讓室內比室外更暖和一些，那麼屋裡愈暖和，向外的熱量散失也會愈快。這就要讓火爐花更多的時間工作，以彌補更多的熱量散失，與此同時便伴隨有更多的熱量在散失。因此，保溫效果更好的房間，熱量散失更慢，這樣往往比一個保溫效果差卻裝備著一個大火爐的房間更令人感到溫暖舒適。

對於家用生熱系統，人們已經知道需要將溫度設定得比他們實際需要的溫度稍高一點。當然，具體高多少，是一個相對棘手的問題，因為在愈冷的日子裡，熱量向外散失的速率愈高。對此，人們並不會太精確地計算或控制，只要大致設定一個自己感到舒適或能夠接受的溫度即可。

但事實上，在現實生活中，對於其他與此有著同樣結構（一個存量、兩個相互制衡的調節迴路）的系統來說，系統中的存量會持續地變化，如果你試圖控制它，可能會產生一些問題。

例如，假設你試圖將商店裡的庫存量維持在特定水準，由於從訂

購到進貨存在一定的時間延遲，你不可能立即以新貨物補足已售出的貨物，也無法準確地預計在你等待訂購的貨物到來之前可能售出多少貨物，你就可能面臨斷貨的風險，庫存量不可能一直充裕。同樣，相似的狀況還會出現在下列情況下：公司試圖保持現金收支的平衡、水庫試圖保持蓄水量的穩定，或者化工廠試圖在一套連續反應裝置中保持化學藥品的濃度一致。

　　從這裡，我們可以得出一條很重要的系統基本原則：**由反饋迴路所傳遞的資訊只能影響未來的行為，不能立即改變系統當前的行為。**因為資訊經由反饋迴路的傳遞需要時間，如果你根據當前反饋做出一項決策，它不能足夠快地發送一個信號，修正由當前反饋所驅動的系統行為，這期間必然有一定的延遲。所以，你的決策只能影響未來的行為，不能改變當前的系統行為。

・系統思考訣竅・

　　由反饋迴路所傳遞的資訊只能影響未來的行為。它不能足夠快地發送一個信號，修正由當前反饋所驅動的系統行為。哪怕是非物理性的資訊，也需要時間反饋到系統之中。

　　為什麼說這條原則很重要呢？因為它意味著，**在行為與結果回應之間經常會有時間延遲。**也就是說，一個流量不能立即對其自身做出調整，它只能對存量的變化做出反應，而這必然是在一段時間的延遲之後，等待資訊反饋達到一定程度。至於時間延遲的長短，取決於具體的系統情境。

　　例如，對於一個浴缸，你可能只需要花很少時間，就可以估計出水的深度，從而決定調整水的流量。但對於一個複雜的經濟系統，一

個決策可能需要很長時間才能見到效果，而資訊的反饋通常非常緩慢、微妙、雜亂，難以把握。因此，很多人在對經濟學相關問題進行建模時，經常假設消費或生產會快速地對諸如價格等要素的變化做出反應，這肯定是錯的。真實的經濟系統，並不是這樣運作的。

・系統思考訣竅・

在一個由存量維持的調節迴路中，設定目標時，必須適當考慮補償對存量有重要影響的流入和流出過程。否則，反饋過程將超出或低於存量的目標值。

從溫度調節器這一簡單系統中，我們還可以得出一條具體的原則：**在類似的系統中，流量的散失和補充過程是持續的、動態變化的，不能靜止地看。**如果意識不到這一點，存量的目標水準就難以維持。

例如，假設你希望室內溫度達到攝氏18度，你必須考慮到熱量的持續散失，從而將溫度設定得略高於期望值；如果你想償付自己的信用卡欠款，你必須考慮到利息支出和期間的開支，從而稍微提高償還金額，以便補足還款期間所發生的費用；如果你希望增加員工人數，必須儘快徵人遞補職缺，以防在徵人期間又有員工離職。

換句話說，對於類似的系統，你必須考慮到所有重要的流量，否則系統的行為就可能讓你大失所望。

在我們結束這一小節之前，讓我們看一看當外部溫度波動時，溫度調節器系統是如何運作的。**圖2-5**顯示的是一個正常工作的溫度調節器系統在24小時內的一般運作情況，同期室外溫度在夜間降到冰點以下。由於火爐供給的熱量很好地彌補向室外散失的熱量，在室內暖和起來之後溫度幾乎沒有變化。

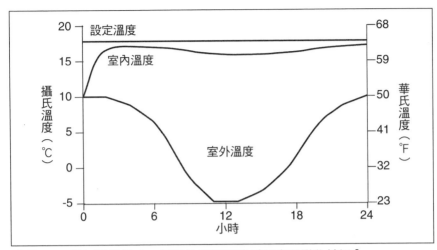

【圖2-5　當氣溫很低時，保溫效果較好的房間室溫變化情況】

　　每一個調節迴路都有它的轉捩點，此時其他迴路會取代該迴路而居於主導地位，使存量遠離它的目標且無法自動回到動態平衡狀態。這在溫度調節器系統中也可出現。例如，你減弱火爐生熱的功率（假設更換一個更小的火爐，或少放一些柴火），或者加大製冷迴路的影響力（如室外溫度更低、降低保溫效果，或者打開門窗）。**圖2-6**反映的就是室外溫度與**圖2-5**相同但熱量散失更快的情況。在這種情況下，當室外溫度較低時，火爐不能確保供給足夠多的熱量，在一段時間裡，使室溫降低並逐漸趨向室外溫度的迴路占據主導地位，於是房間裡的溫度顯著降低。

　　如果你能參照本書附錄中的公式做出這個模型，你就可以看到，隨著時間的推移，**圖2-6**中的各種變數如何相互關聯。一開始，室內外的溫度都很低；由於火爐供給的熱量超過散失到屋外的熱量，室內逐漸暖和起來。經過一兩個小時之後，由於室外溫度逐漸升高，火爐源源不斷補給的熱量完全彌補外流的熱量，室溫就能達到並保持在接近期望的溫度。

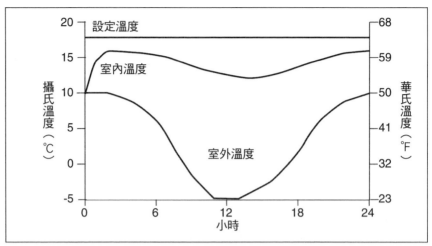

【圖2-6　當氣溫很低時，保溫效果欠佳的房間室溫變化情況】

　　但是，當室外氣溫開始下降時，也加大外流的熱量，雖然火爐還是全速地工作，但產生的熱量不足以很快地彌補二者的缺口（即火爐產生的熱量少於外流的熱量），於是室溫開始下降。最後，室外溫度又開始回升，外流熱氣減少，火爐補充的熱氣終於又占上風，室溫開始回升。

　　按照我們在浴缸案例中提出的法則，當火爐補充的熱氣超過流失的，室溫就會上升；反之，溫度就會降低。如果你能認真研究這一系統行為圖的變化，並將其與系統的反饋迴路圖結合起來，你就能很好地理解系統在結構上如何相互關聯，以及結構如何影響系統的行為。該系統有兩個反饋迴路，它們之間相互影響，此消彼長，隨著時間推移而動態變化。

系統1.2：一個存量、一個增強迴路及一個調節迴路的系統
典型代表：人口和工業經濟

　　如果有一個增強迴路、一個調節迴路，同時作用於一個存量，情況會怎樣？這其實是最常見、最重要的系統結構之一。在眾多案例中，與我們每個人都息息相關的人口和工業經濟體系就是這樣的系統（如**圖2-7**所示）。

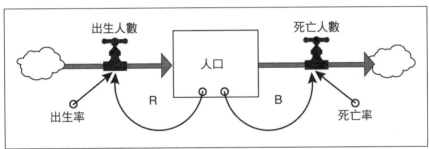

【圖2-7　人口受出生（增強迴路）和死亡（調節迴路）的影響】

　　人口受到一個增強迴路和一個調節迴路的影響：增強迴路決定新出生的人數，受出生率的影響，導致人口數量成長[1]；調節迴路影響當期死亡的人數，受死亡率的影響，導致人口數量減少[2]。

　　如果出生率和死亡率是常數（在真實情況下很少如此），這一系統的行為就很簡單：它將以指數方式成長或減少。至於變化的方向，

譯注：
[1] 在特定出生率的情況下，人口愈多，當期新出生的人數也就愈多，從而進一步增加人口數量，這是一個增強迴路。
[2] 在特定死亡率的情況下，人口愈多，當期死亡的人數也就愈多，從而導致人口總數的減少，這是一個調節迴路。

取決於決定出生人數的增強迴路和決定死亡人數的調節迴路誰的效果更強。例如，2007年全球人口總數為66億，出生率約為0.021（每千人出生21人），死亡率是0.009（每千人死亡9人）。由於出生率高於死亡率，增強迴路占據主導地位，人口總數呈現指數成長。如果出生率和死亡率一直保持不變，那麼，一個現在出生的孩子，到他或她60歲時，將看到世界人口已經比翻倍還多（如**圖2-8**所示）。

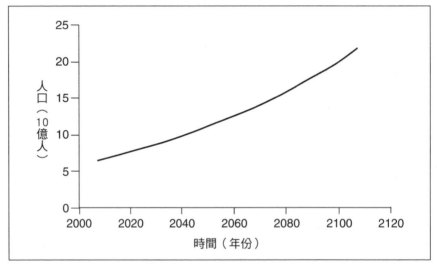

【**圖2-8　世界人口增強迴路**】按照2007年的出生率和死亡率，世界人口將呈現指數成長的局面。

　　假設由於一次可怕的瘟疫，死亡率提高，比如達到0.03（每千人死亡30人），而出生率仍保持在0.021（每千人出生21人），那麼決定死亡人數的調節迴路將占據主導地位。由於每一年死亡的人數多於當年新出生的人數，人口總數就會逐漸下降（如**圖2-9**所示）。

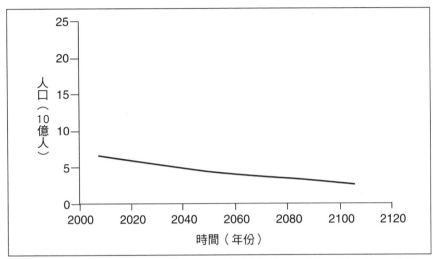

【圖2-9　世界人口調節迴路】如果死亡率達到0.03（每千人死亡30人），而出生率維持在2007年0.021（每千人出生21人）的水準，世界人口將呈現指數減少的態勢。

　　如果出生率和死亡率不是常數，都會隨著時間變化，事情就變得更有趣。過去，聯合國在進行長期人口預測時，通常會假設隨著經濟的發展，各國的平均出生率會下降；同樣，一直到最近，人們通常會假設死亡率也會逐漸降低，但降低的速度會慢很多，因為世界上大部分國家的死亡率已經比較低。然而，由於愛滋病的蔓延，聯合國現在假設，在未來50年中，一些受到愛滋病影響的地區，人均壽命成長的趨勢將會減緩。

　　受流量（新生和死亡）變動的影響，系統中存量（人口）的行為也會隨時間而變化，但變化曲線是不規則的。例如，如果全球的出生率穩步回落，到2035年與死亡率持平，並且二者在此後均保持穩定，世界總人口變化將趨向平穩：每年新出生的人數剛好等於當年死亡的人數，達到動態平衡（如**圖2-10**所示）。

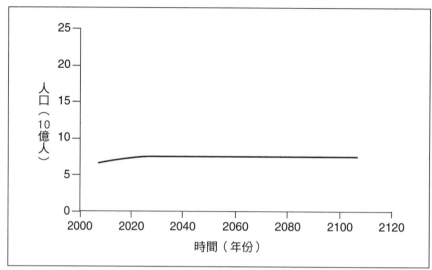

【圖2-10　世界人口動態平衡】若出生率等於死亡率，人口將保持穩定。

　　這一行為是反饋迴路之間「主導地位轉換」的例子。「**主導地位**」是系統思考中的一個重要概念，當一個迴路相對於另外一些迴路居於主導地位時，它對系統的行為就會產生更強的影響力。雖然系統中經常有好幾個相互矛盾的反饋迴路同時在運作，但只有那些居於主導地位的迴路才能決定系統的行為。

　　在人口系統中，一開始，由於出生率高於死亡率，推動人口成長的增強迴路就居於主導地位，所以系統的行為是指數成長；但是，隨著出生率的降低，這一迴路的影響力逐漸弱化；最後，它剛好等於與死亡率相關聯的調節迴路的力量。在這一點上，沒有哪個迴路占據主導地位，系統最終達到動態平衡狀態。

　　在溫度調節器系統中，當室外溫度降低而熱氣從保暖效果不好的房間裡流失，超過火爐補充的熱量時，你也可以發現「主導地位轉換」的現象。此時，冷卻迴路取代加熱迴路而居於主導地位。

　　人口系統只有少數幾種行為模式，而這取決於出生率、死亡率等關鍵變數的狀況。對於只有一個增強迴路和一個調節迴路的簡單系統來說，可能性就那麼幾種。如果增強迴路居於主導地位，與增強迴路和調節迴路相關的存量就會呈現指數成長；如果調節迴路居於主導地位，存量就逐漸衰退（趨向於一個目標）；如果兩個迴路勢均力敵，存量就會維持在一個特定水準上（如**圖**2-11所示）。如果兩個迴路的相對優勢隨時間而變化，出現「輪流做莊」的局面，系統就會波動（如圖**圖**2-12所示）。

系統思考訣竅

　　當不同調節迴路的相對優勢發生改變時，系統常會出現一些複雜的行為，由一個迴路主導的某種行為模式會變為另外一種。

　　這裡，我選取一些極端的人口增減狀況，以展示模型中的一些要點以及它們所產生的新情景。當你面對某個情景時，例如聽到經濟預測、公司預算、天氣預報、未來氣候變化，以及股票經紀人關於某檔股票價格走勢的預測等，你可以思考下列問題，以幫助你判斷這些表述是否真實有效地反映系統潛在的結構。

- 各種驅動因素會不會以這種方式發揮作用？例如，出生率和死亡率可能處於什麼樣的水準？
- 如果驅動因素這樣發揮作用，系統將以何種方式應對？例如，出生率和死亡率真的會像我們想像的那樣影響人口存量的變化嗎？
- 影響各種驅動因素的又是什麼？例如，什麼會影響出生

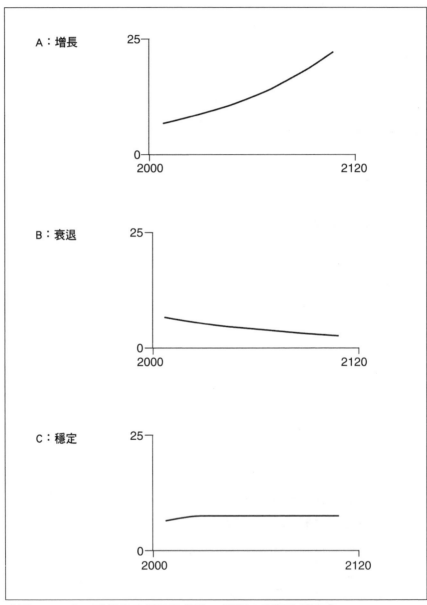

【圖2-11　人口系統的三種可能行為：增長、衰退和穩定】

率，什麼會影響死亡率？

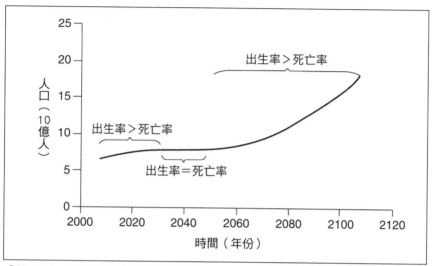

【圖2-12　驅動出生和死亡的反饋迴路發生主導地位轉換】

　　實際上，第一個問題很難回答，因為這是對未來的猜測，而未來
從本質上講是不確定的。雖然你可能認為自己對未來很有把握，但除
非未來真正到來，否則仍然無法驗證你的觀點是否正確。藉由系統分
析，人們可以進行一系列情景測試，以便觀察當各種驅動因素處於不
同狀況時，系統狀況如何。這通常是系統分析的一個目的。但是，你
必須模擬各種情景，並判斷哪種或哪些情景可能發生與認真分析。

　　**動態系統分析的目的通常不是預測會發生什麼情況，而是探究在
各種驅動因素處於不同狀況時，可能會發生什麼。**

　　相對於第一個問題，第二個問題更為科學，而這取決於模型的品
質。如果模型品質高，能夠反映系統特有的動態性，我們就可以更好
地解釋，當某種或某些驅動因素以一種方式變動時，系統可能以何種
方式應對。

系統提示：測試模型價值的問題

1.各種驅動因素會不會以這種方式發揮作用？

2.如果驅動因素這樣發揮作用，系統將以何種方式應對？

3.影響各種驅動因素的又是什麼？

　　如上所述，對於人口系統，不管你認為出生率與死亡率變化的可能性怎麼樣，對第二個問題的答案大致是肯定的，因為我們這裡所使用的人口模型是很簡單的，其行為變化模式只有那麼幾種可能性。當然，我們可以進一步使其精細化，例如對人群按年齡劃分。但是，上面這個簡單模型基本上就能反映真實的人口變動狀況，具體數字可能不大準確，但基本的行為模式卻是真實的。

・系統思考訣竅・

　　系統動力學模型可探究未來的多種可能性，讓我們進行「如果這樣就會變成那樣」的思考。

　　第三個問題「影響各種驅動因素的又是什麼」，指的是什麼東西會影響流入量和流出量。這是與系統的邊界有關的問題，需要認真研究，看看哪些驅動因素是完全獨立的，而哪些是系統內部的變數。

·系統思考訣竅·

模型的價值不取決於它的驅動情景是否真實（其實，沒有任何人能夠對此給出肯定的答案），而取決於它是否能夠反映真實的行為模式。

例如，人口規模是否會反過來影響到出生率和死亡率？是否還有其他因素，如經濟、環境或者社會趨勢等，會影響到出生率和死亡率？人口規模是否會影響到這些經濟、環境和社會方面的因素？

當然，這些問題的答案都是肯定的。出生率和死亡率也是被一些反饋迴路所左右的，其中一些反饋迴路本身也受人口規模的影響。人口這一系統本身只是一個更大系統中的一部分[3]。

在這個更大的系統中，經濟是一個很重要的影響人口的子系統。在經濟系統的核心，也存在一個「增強迴路＋調節迴路」的系統，其結構與人口系統類似，因此這兩個子系統也具有類似的行為模式（如圖2-13所示）。

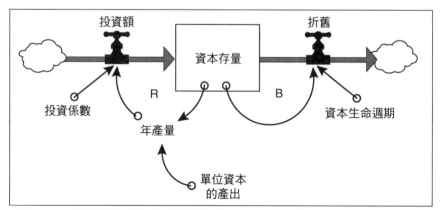

【圖2-13　經濟系統行為變化模式】與人口系統類似，經濟系統中也有一個驅動成長的增強迴路（外部投資）和一個導致衰退的調節迴路（折舊）。

在經濟系統中，實體資本（如機器設備和工廠等）的存量愈大、生產效率（即單位資本的產出）愈高，產量（產品和服務）也就愈大。而產量愈大，就可以有更多的投資形成新的資本。這是一個增強迴路，就像人口系統中新出生人數所在的那個迴路。在這裡，投資係數相當於出生率。投入產出比愈高，資本存量的成長就愈快。

另一方面，實體資本會由於折舊和磨損而逐漸消耗。這是一個調節迴路，類似於人口系統中死亡人數所在的迴路。資本的「死亡率」取決於資本的平均壽命：生命周期愈長，每年資本淘汰或置換的比例就愈小。

因為這個系統和人口系統結構相同，它們也具有相同的行為模式。和世界人口一樣，近年來，世界資本存量也由增強迴路所主導，從而呈現出指數成長態勢。至於未來它將繼續成長還是保持不變，抑或衰退，取決於影響它的增強迴路和調節迴路二者孰強。具體展現在：

- 投資係數：每年社會上有多少產出用於再投資，而不是被消耗掉；
- 資本的效率：要想獲得特定的產出，需要消耗多少資本；
- 資本的平均生命周期。

如果用於再投資的投資係數是一個常數，資本的效率也相對穩定，資本存量的變化趨勢將取決於資本的生命周期。在圖2-14中，有三條曲線，顯示的是三種資本平均生命周期的資本存量變化情況。當資本生命周期相對短暫時，資本消耗速度快於更新速度，再投資量無法抵消折舊的影響，經濟將慢慢陷入衰落；當折舊剛好與投資持平，經濟就會處於動態平衡；假如資本的生命周期很長，資本存量將呈指

數成長。資本的生命周期愈長，成長的速度愈快。

　　這裡呈現系統的一項基本原則：**你可以藉由減小流出量的速率或者加大流入量的速率，來使存量成長。**我們之前已經遇到過，這又是一個典型範例。

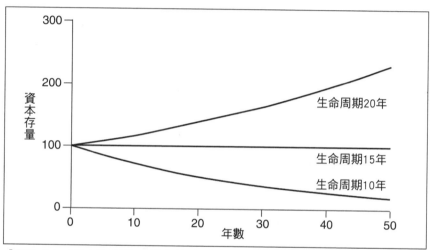

【圖2-14　**資本存量的成長與資本生命周期之間的關係**】假設單位資本的產出比為1：3，投資係數是20%，在這種情況下，資本生命周期為15年時，折舊與資本更新速度持平；資本生命周期愈短，資本存量將陷入衰減。

　　正如人口系統中出生率和死亡率受很多因素的影響一樣，在經濟系統中，也有很多因素影響產出率、投資係數和資本生命周期，例如利率、技術、稅收政策、消費習慣以及價格等。人口系統也會影響投資，包括為產出提供勞動力、增加消費需求，並由此減小投資係數。經濟系統的產出也會以多種方式反饋並影響到人口系統，例如經濟愈富裕的地區醫療保健條件通常較好，從而降低死亡率；同時，經濟富裕地區的出生率通常也較低。

　　事實上，在長期經濟系統建模時，都會考慮經濟系統和人口系統

以及它們之間的連結，以反映二者如何相互影響。經濟發展的核心問題是如何防止資本累積的速度慢於人口成長速度。這是兩個增強迴路，前者受經濟成長的迴路所推動，若前者快於後者，就可以使人們愈來愈富裕，否則就將陷入愈來愈貧窮的泥沼之中[4]。

　　如果我將上面提到的經濟系統與人口系統叫做同一類「動物」，不知道你是否會感到奇怪？一個是關於工廠設備、進貨出貨和經濟往來的經濟系統，另外一個是關於嬰兒出生、長大、結婚、生兒育女、逐漸變老並最終逝去的人口系統，二者在表象、運作等多個方面似乎都有很大差異。但是，從系統的角度看，它們之間有一個很重要的共同點：相同的反饋迴路結構，即都有一個存量，受到一個推動成長的增強迴路和一個導致消亡的調節迴路的影響，也都有一個老化的過程，無論是用鋼筋水泥建造的工廠，還是車床、汽輪機，都會像人一樣慢慢變老，最後壽終正寢。

・系統思考訣竅・

　　具有相似反饋結構的系統，也將產生相似的動態行為。

　　我們之前講過，我們所觀察到的系統行為主要是由其自身所引起的。系統理論的另外一項核心見解是，**具有相似反饋結構的系統，也會產生相似的動態行為，即使這些系統的外部表現是完全不同的。**

　　例如，雖然人口與工業經濟系統表面上差異很大，但它們的行為模式卻基本相似：可以自我更新，以指數成長，都會逐漸老化和衰亡。之所以如此，是因為它們有相似的系統結構。同樣，咖啡杯的冷卻與房間室溫的降低、放射性物質的衰變、人口或工業經濟系統的老化和衰亡也基本相似，這些都是調節迴路作用的結果。

系統1.3：含有時間延遲的系統
典型代表：庫存

想像一下一家汽車經銷商的倉庫，它有一定的庫存量，也有一個流入量（從各家工廠訂貨交付的汽車）和一個流出量（因銷售給客戶而被提走的汽車）。從結構上看，汽車庫存量的行為變化模式會像一個浴缸的蓄水量。

現在，讓我們看一下這一系統是如何運作的。假設要維持足夠十天銷售的庫存量（如**圖2-15**所示）。汽車經銷商需要保持一定的庫存，因為每天到貨交付的數量和銷售量不可能完美地匹配，而且每天客戶的購買量也很難預測。此外，經銷商還需要多保持一些額外的庫存當成緩衝，以防供應商偶爾出現交貨延遲或其他意外情況。

經銷商會對銷售進行監控、分析和預測，例如，如果他們發現銷量有成長趨勢，就會據此增加給工廠的訂單，以便增加庫存，滿足未來可能加大的銷量。因此，銷售量變大，意味著未來預期的銷售量也會變大，導致實際庫存與期望庫存之間的差距加大，這將導致向工廠下達的採購訂單量增加。一段時間之後，到貨量將增加，從而提高庫存量，應對未來可能出現的更大銷售量。

從結構上看，這一系統是溫度調節器系統的翻版，都是一個存量受兩個相互制衡的調節迴路的影響。在本例中，一個調節迴路是把車銷售出去，從而導致庫存減少，另一個是向供應商訂購的車輛到貨交付，從而導致庫存增加（也可以看做是補足因銷售而減少的庫存）。**圖2-16**顯示顧客需求增加0%的情況。處變不驚，是吧？

在**圖2-17**中，我們對這個簡單的模型進行一些微調，加入三個時間延遲（感知延遲、反應延遲和交貨延遲），這些都是我們在現實中經常會遇到的情況。

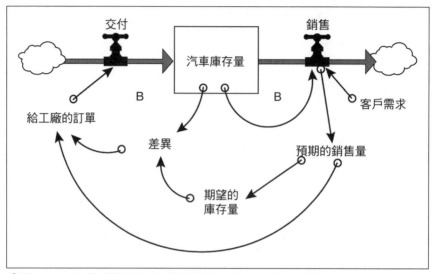

【圖2-15　汽車庫存量的行為變化模式】一家汽車經銷商的庫存量由兩個運轉方向相反的調節迴路來保持平衡,一個是因銷售而產生的流出量,另一個是到貨交付的流入量。

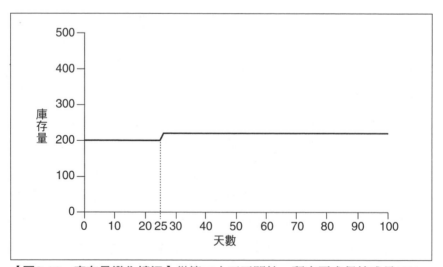

【圖2-16　庫存量變化情況】從第二十五天開始,顧客需求保持成長10%,相應地,經銷商的庫存量也增加這麼多。

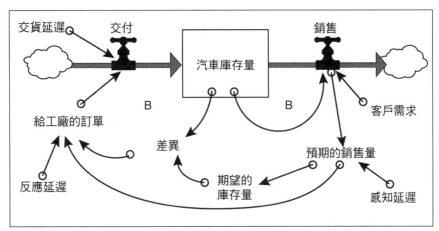

【圖2-17　有時間延遲的汽車庫存量行為變化模式】

　　首先是感知延遲，這與人們的主觀認識有關。經銷商不可能對銷售量的任何變化都立即做出反應。在制定訂貨數量決策時，人們通常會將過去一段時間內的銷售量進行平均，以發現銷售量的變化是真實的趨勢，還是短期內的波動或異常。

　　其次是反應延遲。即當形勢已經很明朗、需要調整訂單數量時，經銷商也不會在某筆訂單裡，將所有缺貨一次調整到位。相反地，他會在其後的每筆訂單中多增加一部分。也就是說，即使當他相信銷售量的變化趨勢是真實的，他也只會進行部分調整，以便在其後的幾天內進一步確認這一趨勢。

　　第三是交貨延遲。從供應商的工廠收到訂單、加工生產並發貨到交付給經銷商，要花五天時間。

　　雖然這一系統和簡單的溫度調節器系統一樣，只是由兩個調節迴路構成的，但它的行為變化卻和後者有著明顯的差異。例如，想像一下，當客戶需求和隨後的銷售量成長10%之後，庫存量會有怎樣的變化？圖2-18是庫存量隨時間變化的示意圖。

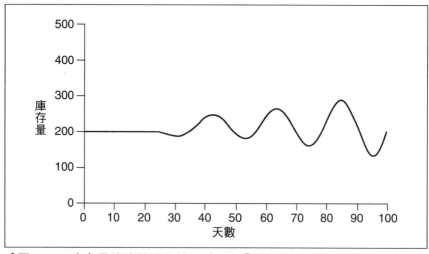

【圖2-18　庫存量隨時間變化情況（一）】當系統中存在時間延遲時，庫存量會隨銷售額增加而上下振盪。

　　是的，劇烈振盪！一開始，銷售量的微小成長，導致庫存的下降；經過幾天的觀察，經銷商感知到銷售量成長的趨勢確實存在，而且將會持續，所以他們開始訂購更多的車，不僅要滿足增大的銷量，而且要補足之前因銷售而導致的庫存差距。但是，因為存在交貨延遲，也就是在經銷商發出採購訂單到取車之間，有一段時間的延遲，在這期間，庫存量繼續降低，經銷商會進一步加大採購訂單的數量。

　　最後，大量的訂貨終於源源不絕地到貨交付，補足之前的差額，並持續地提高庫存量，因為在前一段時間裡經銷商下太多的訂單。現在，他們意識到自己的錯誤，並開始減少訂單量。但是，之前所下的大額訂單仍然不斷地到貨交付。因此，他們更大幅度地削減訂單量。

　　事實上，由於他們無法洞悉未來的走勢，幾乎不可避免地會削減過多訂單。於是，庫存會再次變得過低。如此循環往復，庫存量會圍繞新的預期庫存量上下振盪。從圖2-19可以看出，少數幾個時間延遲

會造成系統行為多大的變化！

　　稍後我們會探討有哪些方法可以抑制這些振盪，但首先很重要的一點是，我們必須理解為什麼會產生這些振盪。這不是因為這家經銷商的經理或決策者愚蠢，而是因為他們置身於一個缺乏及時資訊反饋的系統中。

　　由於存在物理的分割和時間延遲，他們很難甚至不可能立即了解自己的行為對於庫存量變化的影響。他們也不知道顧客下一步會做什麼；當顧客的行為產生變化，他們也不能肯定這些變化是否會持續下去。當他們發出訂單，也不能得到立竿見影的回應。在真實的商業環境中，資訊不對稱以及物理延遲的情況是非常普遍的。因此，在很多其他系統中，類似這樣的振盪也是很常見的。想像一下，當你在酒店中享受淋浴時，如果冷熱水混合器與蓮蓬頭之間距離很長（會導致反饋延遲），那麼你在調節水溫時，很可能會直接地體驗到水溫振盪（忽冷忽熱）的「樂趣」。

·系統思考訣竅·

　　調節迴路上的時間延遲很可能導致系統的振盪。

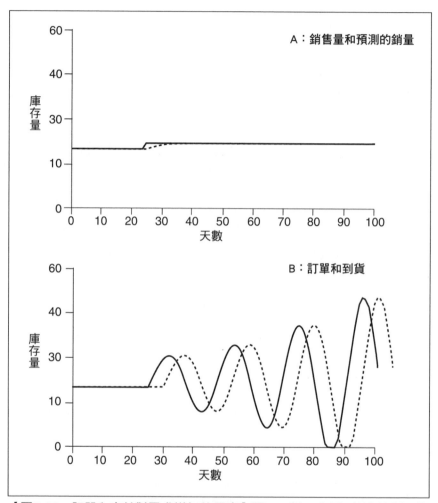

【圖2-19　訂單和交付對需求增加的反應】圖2-19裡，上圖A的實線顯示的
是在第二十五天，銷售量有一個很小但突然的階梯式上升；虛線是經銷商
對前三天的銷量進行平均，所感知到的銷量的變化；下圖B的實線和虛線分
別是對應的訂單和實際到貨情況。

　　至於說一個延遲在什麼情況下會引起怎樣的振盪，這並不是一個簡單的問題。我會用上述庫存系統來向你解釋具體的原因。

　　「這些振盪真是令人無法忍受，」經銷商氣憤地說，因為他們本身也是一個會學習的系統，所以決心改變庫存系統的行為：

　　　　我要縮短時間延遲。雖然對於交貨延遲，我左右不了，因為那主要取決於供應商，但我可以加快自己的反應。在確定訂單數量時，我以前選取的是前五天的平均銷量，現在我只選取前兩天的平均數，這樣就可以更快地回應銷售量的變化。

　　如果他們真的這樣做，**圖2-20**就是調整之後庫存量變化的示意圖。從圖上看，雖然供應商縮短感知延遲時間，但基本上沒有變化，庫存量的振盪甚至還有些惡化。

　　如果這位經銷商不是縮短感知延遲時間，而是縮短其反應時間，例如將感知到差距的時間從三天縮短到兩天，情況會怎麼樣？

　　事實上，事情變得更糟，如**圖2-21**所示。

　　身為一個善於學習、調整的人，經銷商知道必須做些什麼來改變這種狀況。「高槓桿效應，但方向錯誤」（High leverage, wrong direction），經銷商這樣對自己說。他已經注意到，銷售量的微小變化會顯著影響到訂單和庫存量的變化，而自己奉行的試圖抑制振盪的政策並不奏效。

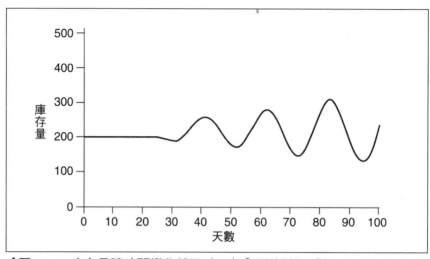

【圖2-20　庫存量隨時間變化情況（二）】即使縮短感知延遲時間，庫存量對於需求增加的反應模式依然如故。

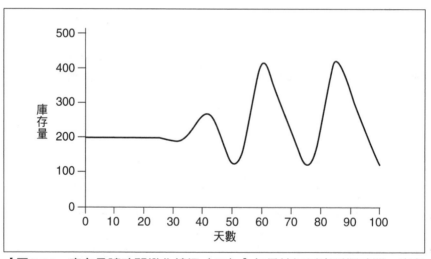

【圖2-21　庫存量隨時間變化情況（三）】如果縮短反應延遲時間，庫存量的振盪將更加惡化。

其實，這種「好心卻幫倒忙」或「愈採取干預措施，問題愈惡化」的情況很常見。人們通常出於好意，試圖借助一些政策或干預措施來修補系統出現的問題，但結果往往事與願違，甚至將系統推向錯誤的方向。同時，你的動作愈大，對系統的影響就愈強烈。當我們試圖改變一個系統時，系統的行為往往違背我們的直覺，出乎我們的意料。

對於這個系統，造成問題的部分原因不是經銷商的反應太慢，而是太快。在系統既定的狀況下，經銷商有些反應過度。如果經銷商不是將反應延遲從3天縮短到2天，而是延長到6天，事情就會好轉許多，如**圖2-22**所示。

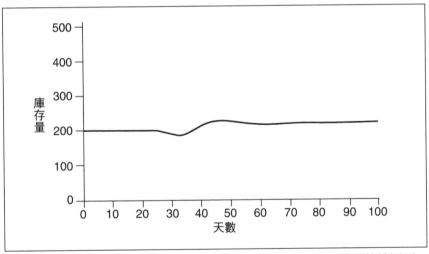

【圖2-22　庫存量隨時間變化情況（四）】 在延長反應延遲時間的情況下，對於同樣的需求變化，庫存的反應很平緩。

如**圖2-22**所示，在同樣銷售變化的情況下，振盪明顯減緩，而且系統會很快地找到新的平衡狀態。

在該系統中，最重要的延遲是交貨延遲，它不在經銷商的直接控

制之中。但是，即使沒有改變延遲的能力，經銷商也可以學會如何妥善管理庫存。

·系統思考訣竅·

在系統中，時間延遲是普遍存在的，而且它們對系統行為有很強的影響。改變一個延遲的長短，可能會導致系統行為的很大變化，也可能不會，這取決於該延遲的類型以及與其他延遲相比的相對時間長短。

改變系統中的延遲可能使系統更容易讓人管理，也可能完全相反。所以，有時候連一些系統思考專家對於時間延遲的問題也有些迷惑。為此，一看到系統中存在時間延遲，我們總是非常警覺，會認真分析它們存在於何處？時間多長？是資訊流的延遲？還是物理過程的延遲等。在某種意義上可以說，**如果我們不知道延遲在何處、時間多長，我們就不可能真正理解系統的動態行為。**從上文我們已經知道，一些延遲可能成為強有力的政策槓桿，延長或縮短它們可以使系統行為產生顯著變化。

從一個更大的視角上看，一家經銷商的庫存問題可能是微不足道、可以讓人解決的，但想像一下，如果這是全美未售出的汽車庫存，會怎麼樣？

  ·訂單的增減不僅會影響到整車組裝廠和零部件供應商的產量，而且會影響到鋼鐵廠、橡膠廠、玻璃、紡織製品和發電廠等一系列相關企業。在這個龐雜的系統中，到處都有感知延遲、生產延遲、交貨延遲和建設周期延遲。

- 讓我們再考慮一下汽車生產和就業之間的關聯。增加產量會提高就業人數，從而使更多的人可以買車。這是一個增強迴路，當然也可以往相反方向運轉：產量減少，就業人數減少，購車數量降低。

- 還有另外一個投機式股票買賣的增強迴路，即基於近期業績，投資者買進或賣出汽車製造商和供應商的股票，產量的提升必將導致股價的上漲，反之亦然。

　　這是一個非常龐大的系統，不同工業部門之間相互連結，經由各種延遲相互影響，推動彼此的振盪，並被各種綜效和投機因素所放大，這是商業周期形成的主要原因。雖然總統或政治領袖會更容易抑制或強化經濟回暖或衰退帶來的樂觀或悲觀情緒，但這些周期並非源自總統。總之，經濟是一個無比複雜的系統，充滿各種調節迴路和時間延遲，它們本質上具有波動性[5]。

雙存量系統

系統2.1：一個可再生性存量受到另一個不可再生性存量約束的系統

典型代表：石油經濟

　　到現在為止，我們所討論的系統都沒有考慮外部因素的約束。例如，在工業經濟系統中，資本存量未考慮原材料和產出的限制；人口系統中，未考慮食物的限制；在溫度調節器系統中，也未考慮火爐可能缺油的限制。因為我們的目的是研究這些系統內在的動態性，所以在構建系統模型時進行簡化，沒有考慮外部的約束條件。

　　但是，任何真實的實體系統都不是孤立存在的，其外部環境中都有各種相互關聯的事物。

　　　　例如，一家公司離不開穩定的能源和原料供應商，離不開員工、管理者和顧客；成長中的玉米離不開水分、肥料，也少不了昆蟲的襲擾；人口與食物、水和生存空間息息相關，也少不了就業、教育、健康醫療和很多其他因素。同時，任何使用能量和處理原料的系統，都需要置放廢棄物的場所，或者處置廢棄物的過程。

　　因此，任何物理的、成長的系統，或早或晚都會受到某種形式的制約。**這些限制因素通常以調節迴路的形式存在，在某些條件下，這些調節迴路會取代驅動成長的增強迴路成為主導性迴路，要麼是提高流出量，要麼是減少流入量，從而阻礙系統的進一步成長。**

在現實環境中，受限制的成長是非常普遍的，以至於系統思考專家將其當成一種「基本模型」[①]，命名為「成長上限」（limits-to-growth）。**系統基模指的是一些常見的系統結構，可以導致人們熟悉的一些行為模式。**在第五章中，我們將介紹更多的系統基模。事實上，以後每當我們看到一個成長的系統，不管是人口、一家公司，還是一個銀行帳戶、一則謠言、一種流行病，或者新產品的銷售，我們都可以找出驅動其成長的諸多增強迴路，也必然能找到最終限制其成長的調節迴路。即使尚未占據主導地位，似乎還看不到它們對系統行為的影響，但這些調節迴路肯定存在，因為沒有任何真實的物理系統可以永無止境地成長下去。

例如，無論多麼熱銷的新產品，也總會有市場飽和的一天；核子反應爐或原子彈中的鏈式裂變反應威力再強大，也終將耗盡核燃料；再兇猛的病毒，總有一天會無人可感染；再蓬勃發展的經濟，也將受到實體資本（或金融資本、勞動力、市場、管理、資源或汙染等諸多條件）的限制。

・系統思考訣竅・

在呈指數成長的實體系統中，必然存在至少一個增強迴路，正是它（或它們）驅動著系統的成長；同時，也必然存在至少一個調節迴路，限制系統的成長，因為在有限的環境中，沒有任何一個物理系統可以永遠成長下去。

譯注：
① 也可稱為「系統基模」，簡稱「基模」，下同。

在我看來，資源與汙染是一組相對的概念，正如資源是流入量，是供應源，有可再生資源和不可再生資源之分，汙染的限制也有的是可修復的，有的是不可修復的。如果環境沒有足夠的能力吸收汙染物，或使其無害化，汙染就是不可修復的；反之，就是可修復的。當然，環境對汙染物的消納能力通常是有限且可變的。因此，在這裡我們所說的受資源約束的系統，和受汙染影響的系統具有相同的動態行為，只不過二者方向相反。

對成長的限制有可能是臨時的，有可能是永久性的。有時候，系統可以找到其他途徑，暫時或相對長期地「繞過」阻礙因素，再次實現成長。但最終肯定會產生某種類型的調適，要麼是系統適應限制因素，不然就是限制因素適應系統，或者彼此適當調整。當這些調適出現時，可能會產生一些有趣的系統動態。

・系統思考訣竅・

限制性調節迴路發源於可再生資源或者不可再生資源，是有所區別的。區別不在於成長能否永遠持續，而在於成長以何種方式終止。

現在讓我們看一個實例。假如有一家公司，透過提煉一種不可再生資源（例如石油）來賺錢。它們剛剛發現一個巨大的新油田，如**圖2-23**所示。

圖2-23看起來可能比較複雜，但它從本質上還是我們上面已經看到過的資本—成長系統，只不過用「利潤」代替「產出」。

驅動折舊的調節迴路大家已經熟悉：資本存量愈多，機器設備的磨損和消耗愈大，從而減少資本存量。在本例中，資本存量是開採和

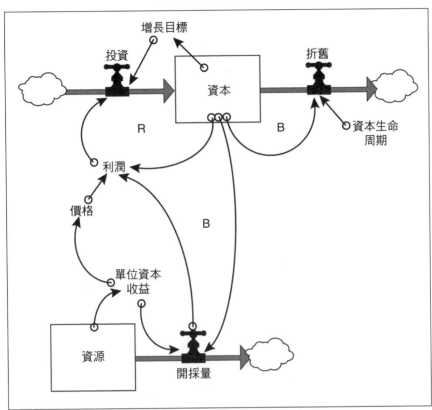

【圖2-23　有一個增強迴路且受到不可再生資源限制的經濟資本系統】

提煉石油的設備，按二十年攤提折舊，這意味著每年計畫提取5%的減值損失費用。

　　為了保持並擴大產能，石油公司將獲得的部分利潤用於再投資，來提高資本的存量。所以，這裡有一個增強迴路：更多的資本存量可獲得更多的資源開採量，創造更多的利潤用於再投資。在這裡，我們假設公司每年預計有5%的資本成長。如果當年利潤不能支持5%的成長，則將全部利潤均用於再投資。

　　眾所周知，利潤等於收入減去成本。在本例中，我們將收入簡化

為石油價格乘以石油產量；成本等於資本總額乘以單位資本的營運成本（包括能源、勞動力、原材料等）。同時，為了簡便起見，我們將價格和單位資本的營運成本都假定為常數。

在這裡，我們未將單位資本的資源收益假定為常數，這是因為這些資源（石油）是不可再生的，隨著石油開採量的增加，一口口油井終將枯竭，下一桶石油的獲得將比上一桶更加困難。

對於石油存量來說，開採量是流出量，但是沒有流入量；剩餘的資源要麼埋藏得更深，要麼濃度更低，或者開採難度更大。人們不得不更多地使用一些更加昂貴和技術複雜的措施獲取該資源。

這是一個新的調節迴路，並最終會限制資本的成長：更多的資本導致更快的開採速度，從而更快地降低資源儲量。資源儲量愈少，單位資本的資源收益就愈低，利潤就愈少（假定價格是固定的），再投資比率就愈小，資本的成長速度也將降低。我們假定資源枯竭可以藉由營運成本和資本效率反映出來。在現實商業世界裡，這兩方面都是真實存在的：一些油田要麼因營運成本過高，不然就是資本效率過低而遭廢棄。無論哪種情況出現，後續的行為模式都是一致的。如**圖2-24**所示，這是一個典型的衰竭行為。

一開始，地下石油儲量很充足，按最初的設計規模可開採200年。但是，由於成長的指數效應影響，實際開採量在第四十年左右的時候達到頂點，之後迅速衰竭。按照每年10%的投資係數，資本存量和開採速度均每年成長5%，因此到第十四年翻倍。28年後，資本存量變成原來的4倍，開採量卻受單位資本產出率下降的拖累而未能同步成長。到第五十年，資本存量的維持成本已經超過從資源開採中獲得的收入，因此利潤不足以維持投資的成長，投資小於折舊。很快地，隨著資本存量的衰減，營運也停止。剩餘的最昂貴的資源被長留在地下，

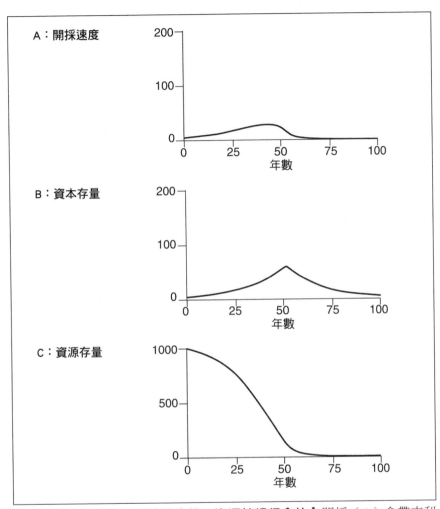

【圖2-24 資本累積的速度愈快，資源枯竭得愈快】開採（A）會帶來利潤，導致資本（B）的成長，並將逐漸耗盡不可再生資源（C）。

因為從經濟和商業的角度上看，把它們開採出來已經沒有價值（如圖2-25所示）。

如果資源的實際儲量被證明是最初估計的2倍或4倍，情況會怎麼

樣？當然，石油開採總量會有很大差異，但在每年再投資率為10%、資本成長率保持5%的情況下，資源每翻倍一次都會使開採高峰期延長14年左右，與石油開採相關的產業、社區、就業等的繁榮期也相應地延長。

　　如果你建構的資本存量依賴於一項不可再生資源，那麼它成長得愈高、愈快，下跌得就可能愈深、愈快。在資源開採或應用以指數成長時，若不可再生資源儲量擴大4倍，只能稍微延長一些開發的時間而已。

・系統思考訣竅・

　　當一個變數以指數級形式逼近一項約束或限制時，其接近限制的時間會出乎意料地短。

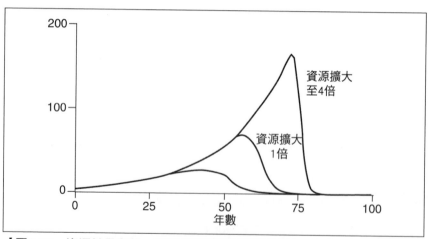

【圖2-25　資源儲量翻倍一次只能使開採高峰期延長14年左右】

　　如果你只關心最大限度地開採資源賺錢，該系統中最重要的數字就是資源的最終規模。如果你是一名油田或礦井上的工人，你關心自己能工作多少年以及社區是否穩定，你最需要關注的兩組數字是：資

源的規模以及預期的資本成長率。我們知道，反饋迴路的目標對於系統行為是很關鍵的，這就是一個很好的例子。管理不可再生資源，真正需要做出抉擇的是快速致富、撈完錢就走，還是不需要那麼富有，但可以持續的時間更長。

　　圖2-26顯示的是，假設扣除折舊後預期的年資本成長速度分別為1%、3%、5%和7%時，開採速度的變化情況。當成長速度為7%時，設計開發周期為200年的油田，將在40年內達到開發高峰。別忘了，你的決策不只會影響到公司的利潤，也會對社會和地區自然環境造成影響。

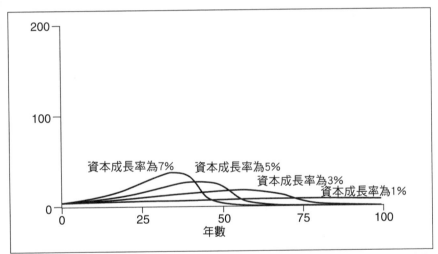

【圖2-26　資本成長率與開採高峰的關係】再投資比例愈高，開採高峰期到來得愈快。

　　之前我們曾提到，為了簡化，我們假設價格是常數。但是，如果價格是變動的，情況會怎麼樣呢？假設短期內資源對消費者很重要，價格過高將減少需求。在這種情況下，隨著資源日漸稀缺，價格會快速升高，如圖2-27所示。

　　價格愈高，公司的利潤就愈高，所以投資增加，資本存量持續上升，而且更多的剩餘資源可能被開採出來。把**圖2-27**和**圖2-24**做一下比較，可以發現，價格上漲的主要結果是讓你累積更多的資本存量，但不能避免最終的崩潰。

　　順帶一提，如果價格不上漲，而是技術進步導致營運成本降低，也會導致相同的結果。例如，人們發明一種先進的油井回收技術，或者從接近枯竭的鐵礦中提取低等級鐵礦石的精選過程，或者一種氰化物萃取方法，可以從金或銀的尾礦採出貴金屬等，就可能出現類似情況。

　　我們都知道，單個的礦山、化石燃料儲藏和地下水都可能會枯竭。世界上有很多廢棄的礦井、油田，都可以驗證我們上面所探討的情況。那些資源或能源企業也知道這些系統動態。所以，當它們在一個地方正常營運但發現資本效率開始下降時，就會轉到其他地方投資，以發現和開發另外一處資源儲藏。但是，如果存在地域限制，這些公司最終還會在全球運作嗎？這個問題就留給各位讀者判別吧。

依靠不可再生資源的經濟體系

　　根據資源耗盡的動態行為特性，初級資源存量愈大，新的發現愈多，驅動成長的增強迴路相對於限制性的調節迴路的影響力就愈強，導致資本的存量愈高，開發速率愈快；然而，一旦生產高峰過去，經濟衰退也開始得更早，速度更快，而且幅度愈大。

　　也許，我們應該嘗試建立一個完全依靠可再生資源的經濟體系。

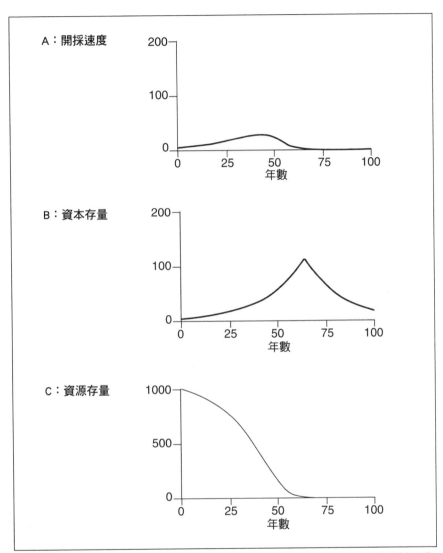

【圖2-27 **價格上漲最終導致資源枯竭**】價格上漲造成資源的稀缺性更為明顯，有更多的利潤用於再投資，使得資本存量（B）變得更大，並使開採時間（A）更長，結果是資源存量（C）遭到快速耗盡。

系統2.2：有兩個可再生性存量的系統
典型代表：漁業經濟

　　假設在上文所述的資本系統基礎上，我們給資源存量增加一個流入量，使其成為可再生資源。這樣，我們就能得到我們即將開始探討的漁業經濟系統。在這裡，可再生資源是魚，資本存量是漁船。其實，類似這樣的系統還有很多，例如樹木與伐木場、乳牛與牧場等。

- 有生命的可再生資源，如魚、樹木、草等，可以經由一個增強迴路實現自我再生。
- 無生命的可再生資源，如陽光、風、河水等，雖然沒有可再生的增強迴路，但是不管存量的當前狀態如何，它們都有穩定的補給輸入來源。
- 感冒病毒感染、日用品銷售等，也與「可再生資源系統」具有相同結構。對於病毒感染來說，易感染人群是可再生資源存量；對於日用品銷售，潛在消費者也是可再生的存量。就像蟲害只能部分地損害農作物，而不能完全摧毀農作物一樣。作物可以再生，而昆蟲可以吃得更多。

　　在所有這些案例中，對於約束性資源存量，都有一個流入量，保持資源存量的補給（如圖2-28所示）。

　　我們以漁業為例。首先，假定資本的生命周期為20年，每年產業成長率維持在5%。其次，和不可再生資源一樣，我們假定漁業資源由於日益稀缺而價格上漲，這將帶動開發力度加大，並需要增加資本投入。對於漁業公司來說，噸位更大的漁船可以在海上航行更遠的距

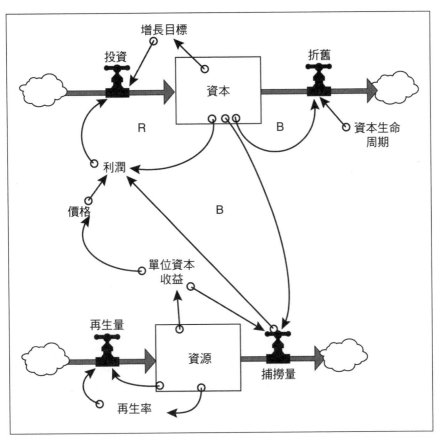

【圖2-28　經濟資本受一個增強迴路推動而成長，並受一個可再生資源約束的情況】

離；而安裝聲納設備，可以及時追蹤魚群的動向；裝備數海浬長的拖曳網或者船載冷凍系統，可以捕到更多的魚，並將其從遙遠的海上帶回港口，所有這些都需要花費資本。

　　魚的再生率不是固定的常數，而是依賴於同一海域中魚的數量，也就是說魚群的分布密度。如果魚群密度很大，由於受到食物和棲息地的限制，再生率會接近於零；而隨著密度的降低，魚群再生速度會

加快，因為有更多的食物或更大的空間。但是，到了某個點時，魚群再生率會達到最高峰。超過這個點，如果魚群數量繼續減少，魚群繁殖速度不是愈來愈快，而是愈來愈慢。這是因為每條魚都很難再找到同類，或者是另外一個物種侵入它們的領地。

這一簡化的漁業經濟模型受到三種非線性的關係影響：價格、再生率、單位資本的收益。價格取決於魚的種類和數量。愈稀少的魚，價格愈高，再生率取決於魚群的密度，也就是魚群密度愈低，魚的繁殖率愈低，但是魚群密度變得過大之後，魚的繁殖率也愈低；單位資本的收益取決於捕魚技術和方法的效率。

這一系統可以產生很多種不同的行為模式，**圖2-29**是其中之一。

從**圖2-29**中可見，一開始資本和捕撈數量以指數成長的方式上升，魚群數量（資源存量）則快速下降，但這提高魚群的再生率。在其後的數十年中，資源再生數量可以彌補、應付捕撈增加的速度；但最後，由於捕撈量成長太快，魚群數量下降到不能滿足日益擴大的捕撈量需求，捕撈量降低，從而降低船隊的利潤率和投資速度。這形成一個調節迴路，使得船隊和魚資源之間達到平衡。船隊達到一定規模後，不能永遠擴大下去，但是可以一直保持較高且穩定的效率。

然而，只要對單位資本產出做很小的調整，改變其控制的調節迴路的力量，就能產生顯著的差異。假設人們發明一種改進船隻效率的技術，藉由更好的聲納設備，可以發現更稀少的魚群。這樣，即使魚群減少，但每一艘船獲得同樣捕撈量的能力都稍微提高一些（如**圖2-30**所示）。

我們之前曾見過「高槓桿效應，但方向錯誤」的狀況，**圖2-30**又是另外一個案例。技術改進，增加所有漁民的生產率，卻導致系統陷入不穩定之中，振盪再次出現。

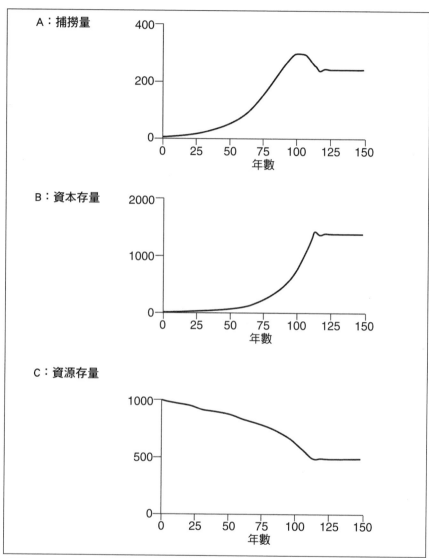

【圖2-29 捕撈量、資本存量及資源存量的關係】每年捕撈量（A）產生的利潤，推動資本存量（B）的成長，在稍微過量成長之後，捕撈量趨於穩定，也導致資源存量（C）保持穩定。

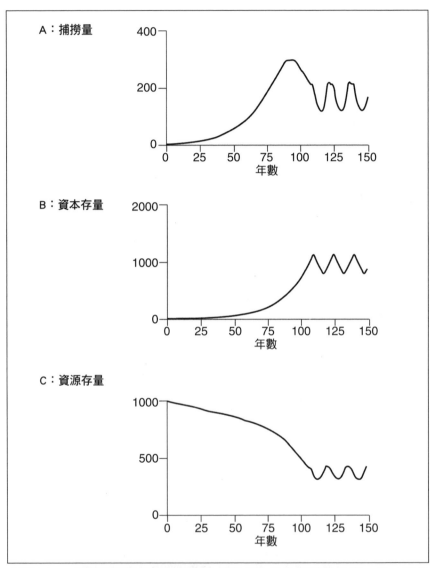

【圖2-30　技術改進帶來系統振盪】單位資本的收益稍微升高一些，例如提高技術的效率，會造成圍繞捕撈量（A）、資本存量（B）和資源存量（C）的穩定狀態的過度開發和振盪行為。

　　如果捕魚技術得到提高，船隻可以在魚群密度很低的情況下更為經濟地維持運作，但結果只能是魚和捕魚業接近徹底消亡。海洋變成荒漠，魚也逐漸變成不可再生資源。**圖2-31**顯示的就是這一情景。

　　與我們這裡所討論的簡化模型相比，在很多真實的開發可再生資源的經濟系統中，一旦資本和開發活動的增強迴路得以啟動，資源通常就會被加速攫取、耗竭，等開發者退出之後，只剩下極少量的「活口」，苟延殘喘，或者僥倖得以休養生息而恢復。數十年之後，同樣的故事又會再次上演。有些可再生資源的迴圈周期很長，例如新英格蘭的伐木工業，從成長、過度砍伐、崩潰，到資源的逐漸再生，然後再次砍伐；現在已是第三個迴圈。但是，並不是所有的可再生資源都是如此。由於科技和開發效率的提升，愈來愈多的資源趨於枯渴，無法再生。

・系統思考訣竅・

　　不可再生資源主要受限於存量。所有存量一次到位，然後被逐漸開發使用（流出量）。之所以不能一次性開發，主要是因為資本（和開發條件）的限制。由於存量是不可再生的，開採速度愈快，資源的生命周期就愈短。

　　到底可再生資源能否在過度開發之後「劫後餘生」，取決於在資源嚴重衰竭的那段時間裡發生什麼情況。例如，當魚群數量變得很少時，它們就會非常脆弱，一次汙染、一場龍捲風，或缺乏基因的多樣性，都可能使魚群徹底滅絕。再如，對於森林和牧草地資源，裸露的土壤也很容易被風化或流失。生態環境中其他競爭者也有可能「乘虛而入」，侵入、佔領這一小生境。當然，在條件合適時，幾近枯竭的

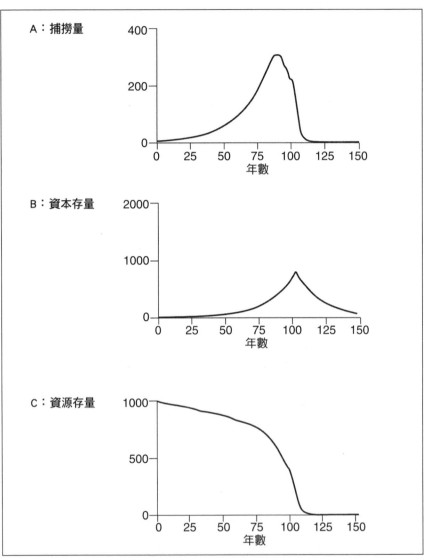

【圖2-31　技術進步最終導致崩潰】單位資本產出上升得愈高，愈會造成捕撈量（A）、經濟資本（B）和資源存量（C）的過度開發和崩潰的行為模式。

資源也可以存活下來，並再次繁衍、生息。

・系統思考訣竅・

　　可再生資源主要受限於流量。只要開發（流出量）的速度等於資源再生（流入量）的速度，它們就可以被無限地開採或捕撈；如果開發的速度快於再生的速度，資源存量最終可能低於某個關鍵轉折點，從而轉變為「不可再生資源」，逐漸耗盡。

　　我們可以看到可再生資源系統的行為模式有三種可能性：

- 過度開發，然後逐漸適應、調整至相對穩定的平衡狀態，並長期保持；
- 過度開發，超出均衡狀態，之後上下振盪；
- 過度開發，之後導致資源的枯竭，產業崩潰。

系統提示：二大個影響因素

　　實際會出現哪種結果，取決於兩方面：第一，關鍵轉折點是否被突破。一旦關鍵轉振點被突破，資源的種群數量實現再生的能力就會被破壞；第二，在資源逐漸衰減的過程中，抑制投資成長的調節迴路的力度。如果該調節迴路可以在關鍵轉振點到來之前，快速起作用，控制資本的成長，那麼整個系統就能平滑地達到均衡狀態；如果該迴路速度比較慢，不足夠有效，系統就會振盪；如果該迴路非常弱，或者起作用的速度很慢，這樣一來，即使資源已經降低到難以再生的水準，但資本仍在持續成長，最終的結果是，該資源和產業都將崩潰。

在成長上限結構中，不管是可再生資源，還是不可再生資源，物質的存量都不可能永遠成長，但是二者對於系統的限制，從系統行為的動態角度上講是非常不同的。之所以會有差異，原因在於存量和流量的不同。

對於所有複雜的系統來說，判斷系統未來行為走勢的訣竅在於，了解什麼樣的系統結構包含哪些可能的行為，以及什麼狀況或條件可以觸發這些行為。 換句話說，如有可能，我們可以調整系統結構和相關條件，從而減少破壞式行為發生的概率，增加有利行為出現的概率。

原文注

1. Albert Einstein, "On the Method of Theoretical Physics," *The Herbert Spencer Lecture,* delivered at Oxford (10 June 1933); also published in *Philosophy of Science* 1, no. 2 (April 1934): 163–69.

2. The concept of a "systems zoo" was invented by Prof. Hartmut Bossel of the University of Kassel in Germany. His three recent "System Zoo" books contain system descriptions and simulation-model documentations of more than 100 "animals," some of which are included in modified form here. Hartmut Bossel, *System Zoo Simulation Models – Vol. 1: Elementary Systems, Physics, Engineering; Vol. 2: Climate, Ecosystems, Resources; Vol. 3: Economy, Society, Development.* (Norderstedt, Germany: Books on Demand, 2007).

3. For a more complete model, see the chapter "Population Sector" in Dennis L. Meadows et al., *Dynamics of Growth in a Finite World,* (Cambridge MA: Wright-Allen Press, 1974).

4. For an example, see Chapter 2 in Donella Meadows, Jorgen Randers, and Dennis Meadows, *Limits to Growth: The 30-Year Update* (White River Junction, VT: Chelsea Green Publishing Co., 2004).

5. Jay W. Forrester, 1989. "The System Dynamics National Model:

Macrobehavior from Microstructure," in P. M. Milling and E. O. K. Zahn, eds., *Computer-Based Management of Complex Systems: International System Dynamics Conference* (Berlin: Springer-Verlag, 1989)

第二部分

系統思考與我們

第三章

系統之美
系統的三大特徵

　　如果土壤有機質形成的一個整體是良好的，那麼每個部分都是好的，不管你是否理解；如果生物圈在演進的過程中，已經建立我們喜歡但不了解的東西，那麼只有傻瓜才會丟棄那些看似無用的部件。一個精明的鉗工，首先想到的是確保每一個齒輪和車軸都完好無損。

——奧爾多·李奧帕德（Aldo Leopold）[1]，生態學家

我們在第二章中介紹幾種簡單的系統，它們有著不同的結構，因而呈現出不同的行為模式。其中有一些系統是非常優雅的，即使受到各種限制，依然在這個充滿鬥爭的世界中頑強地生存著，保持著它們的從容與淡定，執著地從事著它們的工作，包括保持室溫的穩定、開採油田，或者在漁業資源和船隊規模之間保持平衡等。

如果受到太大的衝擊，系統可能會四分五裂，或表現出我們未曾見過的行為。但是，在很大程度上，它們都應對得很好。這就是系統之美：它們運作得如此精妙，各種機能和諧運行。想像一下，一個社區在應對風災時的景象，人們爭分奪秒地救助受難者，各種智慧和技能都湧現出來，如同一個上足發條、高速運轉的機器，到了災情過後，一切又恢復如常。

為什麼系統會運作得如此精妙？請選定一個你所熟悉的高效運作的系統，比如一台機器、一個社區或者生態系統，並認真觀察。幸運的話，你可能會看到以下三大特徵中的一個或幾個：適應力（resilience）、自組織（self-organization）和層次性（hierarchy）。

1.適應力

如果系統受到被一大堆常數所禁錮，它就很難成長和進化。

——霍林（C.S. Holling）[2]，生態學家

適應力（resilience）在工程學、生態學或系統科學領域有很多種定義。基於人們的目的不同，常見的字面意思也有差異。

- 如果是形容物體，適應力指的是其在被按壓或伸展之後，能夠恢復到原有形狀、位置的能力；
- 如果是形容人，適應力指的是他快速恢復的韌性，包括力量、精神、幽默感等等；
- 如果是形容系統，適應力指的是系統在多變的環境中保持自身的存在和運作的能力。與適應力相對的是脆弱性或剛性。

我們知道，單一的調節迴路會驅動系統存量到達預定的狀態，對於存在多個類似迴路的系統來說，就會顯現出適應力，因為這些迴路以不同的傳導機制起作用，有不同的時間周期，也存在一定冗餘；如果其中一種機制失效，另外一種就可以補位。

> **·系統思考訣竅·**
>
> 系統之所以會有適應力，是因為系統內部結構存在很多相互影響的反饋迴路，正是這些迴路相互支撐，即使在系統遭受巨大的擾動時，仍然能夠以多種不同的方式使系統恢復至原有狀態。

　　如果有一組反饋迴路，**可以修復或重建反饋迴路**，系統的適應力就比較強，也可稱為**元適應力**（meta-resilience）。由具有更高適應力的反饋迴路組成的**元元適應力**（metameta-resilience），往往具有更加複雜的系統結構，有更強的復原能力，可以**學習**、**創造**、**設計**和**進化**。這類系統具有很強的自組織性，也是系統的基本特徵之一。

　　人體就是一個令人稱奇的、具有很強適應力的系統。它可以抵禦成千上萬種病毒、細菌等有害物質的入侵，可以適應各種不同的溫度以及差異很大的食物，可以根據需要調整血液供應，可以修補、癒合創傷，可以加快或減慢新陳代謝速度，甚至可以在一些器官受損或缺失的情況下做出適當的調整或補償。在自組織系統的基礎上增加智慧性，就可以實現學習、交際、設計等過程；再加上器官移植技術，我們就可以極大地提高人體的適應能力。當然，這不是無限的，因為至少從現在看來，無論是人體自身還是智慧，都無法長生不老，任何人或器官最終都難逃死亡的宿命。

・系統思考訣竅・

　　適應力總是有限度的。有適應力的系統可能是經常動態變化的；相反地，一直保持恒定的系統其實並不具備適應力。

　　生態系統也具有相當強的適應力，多個物種相互依存，在同一片藍天下遷徙，隨著天氣的變化、食物的豐儉以及人類活動的影響而繁衍興旺或衰敗消亡。由於很多種群和整個生態系統具有令人難以置信的豐富基因及變異能力，它們也具備「學習」和進化能力。如果時間足夠久，它們就可以塑造出一個全新的系統，以充分利用各種變動的機會，獲得生存和發展。

適應力與一直保持靜止或恒定是不同的。**有適應力的系統可能是經常動態變化的**。事實上，短期的振盪、階段性的發作，或者周期性的興衰、高潮與崩潰，都是正常狀況，而適應力可以使其復原。

相反，一直保持恒定的系統恰恰是不具備適應力的。因此，區分靜態的穩定和適應力非常重要。靜態的穩定很容易被觀察，它是以一定周期內系統狀況的變動來衡量的；而適應力則很難被觀察到。除非超出限度、調節迴路受到衝擊或破壞，或者系統結構被分解，否則你很難了解適應力是如何產生和運作的。如果沒有完整的系統視角，人們看到的就只是系統表面呈現出來的動態或靜態，而不是適應力。實際上，人們經常為了穩定或者提高生產率等目的而犧牲系統的適應力，有時候也可能會為了其他一些更容易被識別的系統特性而破壞系統的適應力。

- 給乳牛注射延緩生長激素可增加牛奶的產量，卻不會相應地增加乳牛的食物攝取量。該激素可以將乳牛其他一部分身體機能的新陳代謝能量轉化為產奶。雖然這樣做可以增產，但其代價是降低乳牛的適應力，使乳牛的健康狀況惡化，壽命縮短，更加依賴於人類的管理。
- 近年來一些企業推行「及時生產」（JIT，just-in-time）模式，不管是零件到製造商，還是產品到零售商，都降低庫存的波動性，減少成本。然而，這種模式也使生產系統更加脆弱，容易受到燃料供應失衡、交通流量擁擠、電腦當機、勞動力短缺或其他阻礙的影響。
- 在歐洲，數百年來對森林的嚴格管理，已經逐漸將自然的原生林替換為單一樹齡、單一樹種的人工林，有的甚至大

多不是本地樹種。這樣的森林管理模式可以產出更多更適
合製造紙漿的木材。但由於缺乏多個物種之間的相互作
用、交替榮枯，容易導致土壤的貧瘠，並且更加容易受到
病蟲的危害，從而使得森林更為脆弱。此外，它們似乎對
一種新的侵害更為敏感，那就是：人類工業或生產活動造
成的空氣汙染。

對於人類來說，很多慢性疾病，如癌症、心臟病等，都源自人體
適應力機制的崩潰，這類機制可以修復DNA、保持血管的彈性，或者
控制細胞分裂。對於生態系統來說，很多生態災難的發生也是因為適
應力的喪失，例如一些物種的消失、土壤生化機制的破壞或者毒素的
累積等。同樣，各類大型組織（如企業、政府等）適應力的喪失，也
是因為其對環境的感知和回應機制、反饋過程過於冗長、低效，要麼
存在很多層級，不然就是有很長的時間延遲或資訊失真。稍後，我們
會在討論群組織層級時對此進行探討。

> **・系統思考訣竅・**
>
> 　　不能只是關注系統的生產率或穩定性，也要重視其適應力，
> 即自行修復或重新啟動的自癒能力，也就是戰勝干擾、恢復機能
> 的能力。

我認為，適應力是系統運作的一個基礎，正是因為適應力的存
在，系統才可以正常地發揮和維持各種功能。因此，一個有適應力的
系統就是一個大平臺，在該平台支撐起來的空間裡，系統可以自由地
馳騁，一旦接近危險的邊緣，就會遇到一堵柔軟的、有彈力的「牆」

將其反彈回來。隨著系統適應力的下降，支撐的平臺就會變小，那道保護牆也會變矮、變硬，直到系統如同運行在刀尖上，只要有一點震動，就隨時可能墜落。因為人們通常更加關注系統是如何運作的，而忽視其運作的空間，所以，在一般人看來，適應力的喪失似乎是突然來臨的，是一種意外。但是，在此之前，系統其實早已千瘡百孔。

當你認識到適應力的重要性，你會找到很多方法保持或增強系統自身的康復能力。

例如，在自然的生態系統中就蘊藏著這種認識，所以捕食者可以有效地控制害蟲的數量；在和諧的養生保健生活方式中也展現這樣的認識，所以人們不只是有了疾病再治療，而是會增強人體自身的免疫力；同樣地，在積極的救援專案中也包含這樣的認識，所以救援者不只是簡單地提供食物或金錢，而是努力創造條件，讓人們可以自給自足，正所謂「授之以魚，不如授之以漁」（給他魚，不如教他如何釣魚）。

2.自組織

> 進化看起來並不是只由環境變化所引起的、貫穿於物種
> 誕生和整個生存歷程的一系列意外事件，而是有一定規則的
> 未來；揭示這些規則將是人類最重要的任務之一。
>
> ——路德維格·馮·貝塔朗菲（Ludwig von Bertalanffy）[3]，生物學家

　　一些複雜系統最令人稱奇的特徵，就是它們具有學習、多元化、複雜化和進化的能力。依靠這種能力，單個受精卵經過不斷生長、分化，最終演化成一隻青蛙、兔子或者人，展現令人難以置信的複雜性；依靠這種能力，大自然中的一捧泥土有機質也能生生不息，滋養著不計其數、多姿多彩的生命物種；依靠這種能力，人類社會從刀耕火種，進化到發明蒸汽機、水泵、專業化分工、大規模裝配線生產、摩天大樓，以及全球化的通訊網路。

　　系統所具備的這種使其自身結構更為複雜化的能力，被稱為「自組織」（self-organization）。無論是從一片雪花身上，還是窗戶上的冰晶，或者是過飽和溶液的結晶體中，我們都可以看到簡單的自組織的工作原理和機制；但是，大自然中還包含著一些更為複雜的自組織過程，比如一顆種子生根發芽，一個孩子學會講話，或者一個社區裡的居民自發地聯合起來反對有害垃圾傾倒等。

　　對於一個有機系統而言，自組織是一個非常普遍的特性，以至於很多人認為這是理所當然的。否則，我們就有可能被周遭世界中紛繁複雜的系統弄得眼花繚亂。當然，如果我們能夠對自組織特性引起重視，我們就將會更好地鼓勵而非破壞系統的自組織能力。

　　與適應力相似，人們也經常會出於追求短期生產率和穩定性的目

的而犧牲掉系統的自組織特性。例如，把人和其他有機系統當做機器和生產過程中的附屬品；或者減少農作物的基因變異性；或者建立官僚政治或組織，將人等同於符號或數字。

自組織特性會產生出異質性和不可預測性：系統有可能演變成全新的結構，發展出全新的行為模式。它需要自由和試驗，也需要一定程度的混亂。但是，這些狀況可能令人恐慌，或者威脅到現有的權力結構。結果是，教育體系往往限制兒童的創造力，而不是激發這種能力；經濟政策往往傾向於支持現有的大企業，而不是鼓勵創新型的創業企業；同時，很多政府傾向於管制人民，而不是允許人們自發地組織起來。

幸運的是，自組織當成有機系統的一個基本特性，對於大部分衝擊力都有一定免疫力。儘管以法律和維持秩序的名義，自組織能被長期壓制、殘酷打壓，但它不可能被徹底消滅，而會頑強地持續下去。

過去，一些系統理論研究者曾認為自組織是系統的一種複雜特性，不可能被完全理解，人們也曾運用電腦建模技術模擬、類比一些系統的行為，當然，這主要針對的是一些內在作用機理清晰、可以定量描述的系統，而不是一些可以進化的複雜動態系統，因為人們會主觀地認為後者不易被理解。

然而，新的發現表明，僅用一些簡單的組織原則，就可以引起非常多樣化的自組織結構。

想像一下，一個等邊三角形，在每一條邊的中間增加另外一個等邊三角形，其面積是前者的三分之一；依此類推，得到的圖形被稱為「科赫雪花」（Koch snowflake，如**圖3-1**所示）。它的邊長很長，但可以被包圍在一個圓形之中。這

種結構只是分形幾何學的一個簡單範例，這是數學和藝術的一個交叉領域，它通常使用一些相對簡單的規則來產生精美的形狀。

類似地，基於一些簡單的分形規則，使用電腦就可以生成各種精緻、優美、複雜的類似蕨類植物的形狀。同樣，雖然單個受精卵細胞裂變、生長成人的過程非常複雜，但其中也可能包含一系列類似的、相對比較簡單的幾何規則。例如，在人體的肺部，肺細胞按照分形幾何學的規則排列，所以，在有限的空間裡，可以更大程度地擴展與空氣的接觸面積。事實上，如果把所有肺細胞展開，其表面積足以覆蓋整個網球場。

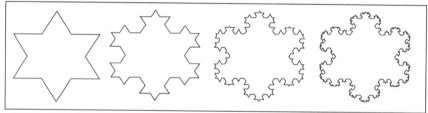

【圖3-1　「科赫雪花」演變圖】即使像「科赫雪花」這樣精美、複雜的圖形，也可以從一組簡單的組織原則或決策規則演化而成。

由此可見，一些簡單的組織規則就可以產生複雜的自組織系統，以下是其他一些例證：

・所有生命都是基於DNA、RNA和其他蛋白質分子等遺傳機制中內含的基本組織規則繁衍生息的，從病毒到紅樹林，從變形蟲到大象，皆是如此；

- 農業的發展和相關機制都始於一個簡單的創意，即人類可以在一個地方定居下來，擁有土地，並選擇和培育作物；
- 「上帝創造萬物，大地居於它的中心；城堡位於大地的中心；教堂位於城堡的中心」，這是中世紀歐洲人眼中的社會和物理結構的組織原則。

・系統思考訣竅・

系統通常具有自組織的特性，具有塑造自身結構、生成新結構、學習、多樣化和複雜化的能力。即使是非常複雜的自組織形式，也有可能產生於相對簡單的組織規則。

現代科學證明，自組織系統可以產生自一些簡單的規則，衍生出多種多樣的技術成果、物理結構、組織和文化。科學本身也是一種自組織系統，它傾向於認為，這個紛繁複雜的大千世界，往往生成自一些簡單的規則。當然，究竟是否如此，科學到現在為止仍然未能給出答案。

3.層次性

> 因此，自然主義者觀察到，一隻跳蚤，會獵食比它更小
> 的跳蚤；更小的跳蚤仍然會吃下比它更小的獵物；如此反
> 覆，以至於無窮。
>
> ——喬納森・斯威夫特（Jonathan Swift）[4]，18世紀英國詩人

在新結構不斷產生、複雜性逐漸增加的過程中，自組織系統經常生成一定的層級或層次性。

人們一般會認為，一個大的系統中包含很多子系統，一些子系統又可以分解成更多、更小的子系統。例如，你體內的細胞是某個器官的一個子系統，而那個器官又是你身體這一有機系統中的一個子系統；而你自身又是一個家庭、一支球隊或一個組織的一個子系統；而它們又是一個城鎮或城市、國家的一個子系統，依此類推。**系統和子系統的這種包含和生成關係，被稱為層次性（hierarchy）。**

很多事物，如公司、軍隊、生態系統、經濟體系、有機體等，都具有層次性。這並不是偶然的。如果各個子系統基本上能夠維繫自身，發揮一定的功能，並服務於一個更大系統的需求，而更大的系統負責調節並強化各個子系統的運作，那麼就可以產生並保持相對穩定的、有適應力和效率的結構。如果沒有類似關係，很難想像系統最終會演變成什麼樣子。

在具有層次性的系統中，各個子系統內部的連結要多於並強於子系統之間的連結。雖然每件事物都和其他事物存在連結，但不同連結的強度並不一樣。例如，在一所大學中，同一個院系或年級的人會更加熟悉，交流更多，與其他年級或院系的交流通常較少；組成肝臟的

系統寓言：為什麼事物的組織呈現層次性

　　從前，有兩位鐘表匠，一位是霍拉（Hora），另一位是坦帕斯（Tempus），他們都能製造精緻的鐘表，也各自有很多顧客。他們店裡的顧客總是絡繹不絕，電話響個不停，新訂單源源不斷。然而，多年以後，霍拉變得很富有，而坦帕斯卻愈來愈窮。原因在於霍拉發現層次性原則。

　　霍拉和坦帕斯製造的手表都由近百個零件組成，坦帕斯依次組裝這些零件，但是，在組裝過程中，如果他必須放下手頭的工作做其他事，比如接個電話，半成品就會散成一堆零件；等他回來後，就只好從頭開始組裝。因此，顧客的電話愈多，他就愈難找出一整段不被打擾的時間，以完成一隻手表的組裝工作。

　　相反地，霍拉製造的手表不像坦帕斯的那麼複雜，他先把大約十個零件組裝成一個穩定的部件，然後把十個部件組成一個更大的組件；最後只要裝配這些組件，就能完成一隻手表。即使霍拉也和坦帕斯一樣，不得不放下手頭的工作接聽顧客的電話，這也只會影響到他手頭很小一部分工作。這樣，他可以比坦帕斯更快、更有效率地製造手表。

　　只有存在穩定的媒介形式，一些簡單的系統才能進化成複雜的系統。這樣形成的複雜系統，天然地就具有層次性。這或許可以解釋為什麼在自然系統中，層次性比比皆是。相對於其他各種可能的複雜形式，層次性結構是少數幾種隨時間而進化的結構之一[5]。

細胞，彼此之間存在更加密切的連結，而它們與組成心臟的細胞之間連結就較少。**如果層級中每個層次內部和層次之間的資訊連接設計合理的話，反饋延遲就會大大減小，沒有哪個層次會產生資訊超載。這樣，系統的運作效率和適應力就得以提高。**

・系統思考訣竅・

　　層次性是系統的偉大發明，不只是因為它們使系統更加穩定和有適應力，而且因為它們減少資訊量，使得系統各部分更容易記錄和跟進。

　　在某種程度上，層級系統是可以被拆解的。由於各個子系統內部存在較為緊密的資訊流，其自身也有一定功能，在被拆開之後，至少可以部分地像系統一樣發揮作用。當層次被打破之後，子系統之間的邊界通常被割裂開來。將系統不同層次拆分開，我們可以分別對其組成部分（例如細胞或器官）進行更為深入的研究，更進一步了解系統。因此，從這個意義上來看，基於還原論、解剖式的科學研究讓我們所學甚多。但是，我們不能忽視各個子系統之間的重要連結，正是它們將各個子系統連結在一起，形成更高的層級，並可能在更高的層級上，生成讓我們意想不到的行為。

　　例如，假設你得到肝病，醫生通常會針對你的肝臟進行治療，而不大關心你的心臟或扁桃體（因為它們處於同一個層級上，都是人體的一個器官），也不會考慮你的個性或者肝臟細胞核裡面的DNA，因為它們分別位於更高或更低的層級上。但是，這當然有很多例外，也許的確需要上升到更高

的層級考慮整個層級結構，或許是你的工作使你長期接觸某
種化學物質，從而損害肝臟的健康；或者需要深入到更低的
層級探究根源，或許你的肝病要歸因於你的DNA功能障礙。

同時，你要認識到，隨著時間的推移，自組織系統可以演化出新
的層次，改變整合的程度，因此，你要考慮的因素也需隨之調整。比
如，過去美國的能源系統幾乎是各自獨立的，但現在卻完全不一樣。
如果人們的思維沒有隨著能源經濟的發展而進化，就會驚訝地發現他
們已經變得如此依賴資源，而其決策已經與周圍的世界背道而馳。自
組織系統可以形成層次，你可以在很多地方觀察到類似過程。

　　例如，一個自由工作者如果工作量太大，就會雇用一些
人當成幫手；一些小型、非正式的非營利組織，吸引很多會
員，就會擴大預算，直到有一天，會員們會說：「嘿，我們
需要有人來組織一下」；一些單細胞的集合體會逐漸形成獨
特的功能，並產生一個分支循環系統以支援這些細胞，以及
一個分支神經系統進行協調。

　　一般來說，層次是從最底層開始向上進化的，從局部發展到整
體，從細胞發展到器官和有機體，個人發展到團隊，單人作業發展到
生產管理。早期的一些農民逐漸聚居起來，形成自治的村鎮，而村鎮
之間產生貿易行為。生命起源於單細胞微生物，而不是一頭大象。**層
次性原本的目的是幫助各個子系統更好地做好其工作，不幸的是，系
統的層次愈高或愈低，愈容易忘記這一目的。**因此，很多系統因為層
次的功能失調，而不能實現並預定的目標。

如果團隊成員過分追求個人榮譽，而忽視團隊整體的目標，團隊就有可能失敗；如果身體裡一些細胞打破該層次應有的功能，開始快速繁殖，就形成癌症；如果學生認為其目的是盡可能獲得高分，而不是獲取知識，就有可能出現考試作弊或其他不當行為；如果公司為了自己的利益而向政府部門行賄，市場競爭秩序和整個社會的公共福利就會受到損害。

當某個子系統的目標而非整個系統的目標占上風，並犧牲整個系統的運作成本實現某個子系統的目標，我們將這樣行為的結果稱為**次優化**（suboptimization）。

當然，與次優化同樣有害的問題是太多的中央控制。如果大腦直接控制身體的每一個細胞，導致細胞不能自我維持其功能，整個有機體就會死亡。如果大學領導直接決定每一位學生和老師的專業或研究方向，學生和老師就不能自由地探索自己感興趣的知識領域，大學的使命也就不復存在；如果球隊所有運動員完全聽從教練的指揮，而不顧及場上的感覺，整個團隊就不會有幾分勝算。在歷史上，當權者對經濟的過度控制，無論是公司還是國家，都曾引發過一次次的大災難，這樣的例子比比皆是。

要想讓系統高效地運作，層次結構必須很好地平衡整體系統和各個子系統的福利、自由與責任。這意味著，既要有足夠的中央控制，以有效地協調整體系統目標的實現，又要讓各個子系統有足夠的自主權，以維持子系統的活力、功能和自組織。

┌─**系統思考訣竅**─────────────────────────────┐

　　系統的層次性表明系統是自下而上進化的，上一層級的目的
是服務於較低層級的目的。

└──┘

　　適應力、自組織和層次性是動態系統有效運作的三個原因。促進
或精心管理系統的這三種特性，可以增強其長期保持有效運作的能
力，保持穩定。但是，別忘了，系統運作也可能充滿意外。

原文注

1. Aldo Leopold, *Round River* (New York: Oxford University Press, 1993).

2. C. S. Holling, ed., *Adaptive Environmental Assessment and Management,* (Chichester UK: John Wiley & Sons, 1978), 34.

3. Ludwig von Bertalanffy, *Problems of Life: An Evaluation of Modern Biological Thought* (New York: John Wiley & Sons Inc., 1952), 105.

4. Jonathan Swift, "Poetry, a Rhapsody, 1733." In *The Poetical Works of Jonathan Swift* (Boston: Little Brown & Co.,1959).

5. Paraphrased from Herbert Simon, *The Sciences of the Artificial* (Cambridge MA: MIT Press, 1969), 90–91 and 98–99.

第四章

系統之奇
系統的六大障礙

　　麻煩的是，我們幾乎完全愚昧無知，即使最博學的人也是無知的。知識獲取從本質上看永遠都是在破除無知，獲得一些啟示。我們關於世界的認識，首先告訴我們的就是，世界遠遠大於我們對它的認識。

——溫德爾・貝里（Wendell Berry）[1]，作家、肯塔基州農民

我們在第二章中所討論的一些簡單系統的行為，其實已經令很多人感到困惑，但是，以我多年從事系統思考教學和研究的經驗來看，動態系統的行為變化，遠遠超出我們的想像，而且它們會持續地讓我們感到驚奇。我自以為很了解動態系統，然而，一旦遇到現實世界中的實際問題，我也經常感到尷尬和束手無策。

從中我得到以下三項啟示：

1. 我們認為自己所知道的關於這個世界的任何事物都只是一個模型。每一種語言、每一個字，都是一個模型；所有的地圖、統計資料、圖書、資料庫、方程式和電腦程式，也都是模型；包括我們頭腦中認知和描述世界的方式，即**心智**模式，也是模型。所有這些都不是**真實的**世界，永遠也不可能是。

2. 我們的模型通常是與現實世界高度一致的。這就是我們為什麼會成為這個星球上最為成功的一個物種的原因。尤其是我們經由對周圍世界的直接觀察、深入體驗所建立起來的心智模式，包括對自然、人和組織的認知，是非常複雜而精密的。

3. 然而，與第二點相反的是，我們的模型仍遠遠達不到能完整地描繪世界的程度。這就是我們為什麼經常犯錯或感到出乎意料的原因。在同一時間裡，我們的大腦只能跟蹤少數幾個變數。哪怕基於正確的假設，我們也經常會得出不合邏輯的結論；或者依據錯誤的假設，得出看似符合邏輯的結論。例如，對於一個指數成長過程所引發的成長量的變化，我們大多數人都會感到驚訝；而對於複雜系統中的振盪，只有很少的人能夠憑直覺從容應對。

簡而言之，我們需要保持多方面的均衡：一方面對於世界是如何運作的，我們確實有很多了解，但另一方面這還遠遠不夠；一方面我們的知識儲備令人驚異，但另一方面我們也是如此無知；一方面我們可以提高自己的認知，但另一方面我們又不可能做到盡善盡美。這看似矛盾的關係，我都相信它們的存在，因為這就是我在多年對系統的研究中所學習到的。

·系統思考訣竅·

我們認為自己所知道的關於這個世界的任何東西都只是一個模型。雖然我們的模型確實與現實世界高度一致，但遠遠無法達到能完整地代表真實世界的程度。

在本章中，我們將討論為什麼動態系統的行為經常出人意料。換句話說，我們將從側面解釋，為什麼心智模式不能很好地考慮到現實世界中的「併發症」，以及從系統的角度可以發現哪些問題。這將是一個警告清單，顯示出哪些地方隱藏著障礙物。在這樣一個相互連結、相互影響的世界中，你不能對這些障礙物掉以輕心。

為了在複雜的世界裡自由遨遊，你需要把注意力從短期事件上移開，看到更長期的行為，看到系統內在的結構；你需要清晰地界定系統的邊界，以及「有限理性」；你需要考慮到各種限制性因素、非線性關係以及時間延遲。如果不能妥善地兼顧系統的適應力、自組織和層次性等特徵，你很可能會誤讀系統、不當干預或者錯誤設計。

如果你真的理解所有這些系統特徵，那麼你可能不會經常感到驚訝，但無論如何，你還是會感到意外。這對你來講，到底是好消息還是壞消息，取決於你是否想要控制世界，並願意接納系統帶給你的驚喜。

1.別被表象所迷惑

系統是一個巨大的黑箱，

我們無法打開它的鎖；

我們所能看到的，

只是什麼進去、什麼出來。

理解輸入與輸出的搭配，

再連結其他參數，

這樣，我們就可以發現輸入、輸出和狀態之間的關聯。

如果它們之間的關聯清晰而穩定，

我們就可以預測出它可能的態勢；

如果我們的預測不靈（但願不要如此），

我們只能被迫打破它的蓋子！

——肯尼士‧博爾丁（Kenneth Boulding）[2]，經濟學家

　　系統會呈現出一系列事件，迷惑我們，或者說，是我們觀察世界時自我愚弄。每天的新聞會告訴我們關於選舉、戰爭、政治辯論、災難以及股市漲跌的消息；我們大部分日常談話也是關於什麼時間、什麼地點發生什麼事，例如某支球隊獲勝、某條河水氾濫、道瓊工業平均指數衝破一萬點大關、某處發現一個大油田或某處的森林遭到砍伐。如果把系統視為一個黑箱，那麼事件就是這個黑箱子時時刻刻地產出。

　　一些事件可能是很壯觀的，例如崩潰、暗殺、巨大的勝利、可怕的悲劇，它們會引發人們的各種情緒。雖然我們已經多次從電視螢幕、報紙頭條或網站首頁上見過類似事件，但每一次事件都與上次的

不同，從而不斷吸引著我們，正如每天的天氣預報都不相同，我們卻從未對它失去興趣一樣。就這樣，各種事件源源不斷地吸引著我們的注意力，也時常讓我們感到驚訝，因為我們看待世界的方式幾乎沒有預見性，也不能揭示其內在的原因。**就像冰山浮在水面之上的部分一樣，事件只是一個更為巨大的複雜系統中為人可見的一小部分，但往往不是最主要的。**

如果我們可以看到相關的事件是如何累積形成動態**行為**模式的，我們就不會感到太驚訝。

例如，一支球隊處於連勝狀態，大有奪冠的趨勢；河川水位的消漲變化在增強，雨季水位更高，而旱季水流更少；道瓊工業指數已經連續兩年呈現上漲的趨勢；發現新油田的頻率愈來愈少；森林的砍伐與日俱增等。

系統的行為就是它的表現或績效水準隨時間變化的趨勢，有可能成長、停滯、衰退、振盪、隨機或進化。如果新聞報導有深度，它會連結當前的事件與歷史背景，這樣我們就能夠更好地理解行為層面的變化趨勢，而不只是停留在較淺的事件層面。

當遇到一個問題時，善於進行系統思考的人要做的第一件事，是尋找資料，了解系統的歷史情況以及行為隨時間變化的趨勢圖。這是因為系統行為的長期趨勢，為我們理解潛在的系統結構提供線索，而系統結構又是理解系統會發生什麼，以及為什麼發生這些事情的關鍵，讓我們不僅**知其然**，而且**知其所以然**。

系統結構是各種存量、流量和反饋迴路的相互關聯與作用。我們常用包含各種變數和箭頭的圖表（如存量─流量圖等）來描述系統結構。**結構決定系統可能存在哪些行為。**例如，一個調節迴路會呈現出達成目標的行為，也就是說系統會接近或保持動態平衡狀態；而增強

迴路則會引發指數成長。二者連結在一起，則可能呈現出成長、衰退或均衡三種行為模式。如果其中包括時間延遲，則可能產生振盪。如果它們是周期性波動或快速爆發，系統則可能產生更多令人驚訝的行為。

　　系統思考需要反覆審視結構和行為，善於系統思考的人連結二者，理解事件、行為以及結構之間的關係。例如，當你的手從彈簧玩具「機靈鬼」上移開時（事件），它就會彈起來並來回振盪（行為），而這個行為是因為「機靈鬼」自身的彈簧（結構）所引起的。

> **系統思考訣竅**
>
> 　　系統結構是行為的根源，而系統行為展現為隨時間而發生的一系列事件。

　　在「機靈鬼」這個的簡單例子裡，事件、行為和結構之間的區別是很明顯的，但對於其他系統，可能就不那麼明顯。事實上，現實世界裡很多分析都只是停留在事件層面上。如果你炒股，你就會發現，每天晚上的股評，很多都是就事論事的分析：因為美元下跌，所以股市上漲；或者利率上升、民主黨獲勝、兩個國家發生衝突等。

　　這樣的分析不能使你預測明天會發生什麼，也不能讓你改變系統的行為，比如使股票市場更少波動，或者使公司更健康，更好地鼓勵投資等。

　　相對於事件層面的分析，大多數經濟分析都會更進一步，到達行為層面。例如，一些計量經濟學模型往往會以複雜的方程式，來發掘和表示收入、儲蓄、投資、政府開支、利率、產出以及其他變數的歷史趨勢，以及它們之間的統計關係。

　　這些基於行為層面的模型比事件層面的分析更有價值，但它們仍然有一些根本性的問題。首先，它們普遍過分強調系統流量，而對存量關注不足。經濟學家們喜歡追蹤流量的行為，因為那是最有趣的變數，也是系統最快表現出來的變化。

　　　　例如，經濟新聞報導中經常會關注國民生產毛額也就是GNP（流量），而不是實體資本總量（存量）。前者是一個國家或地區的國民經濟在一定時期（一般為一年）內，以貨幣形式表現的全部最終產品和服務價值的總和；而後者是一個國家或地區所有的工廠、機器設備、農場和工商企業等資本的總和，正是它們才能生產出各種產品和服務。但是，如果不了解這些存量如何經由各種反饋過程對相關的流量產生影響，你就不能很好地理解經濟系統的動態，或者這些行為產生的原因。

　　其次，計量經濟學家們試圖發現各種流量之間在統計上的關係，但這往往是徒勞的，他們不過是在尋找一些不存在的東西。其實，在任何一個流量與其他流量之間都沒有穩定的關係。流量有大有小、有開有關，存在各種組合，受存量而非其他流量的影響。

　　讓我們用一個簡單的系統來做解釋。假設你對溫度調節器一無所知，但是你有一組資料，記錄過去一段時間內房間裡熱量流入、流出的量。藉由比較這些流量在過去這段時間裡的變化，你可能會發現它們之間的關聯，因為在正常情況下，它們都受同一個存量（室溫）的控制，它們之間確實存在連動性。

　　你可以用公式預測明天的室溫，但是有一個前提條件，那就是：系統沒有發生變化或故障。只要系統的結構發生一些變化，你所發現

的兩個流量之間的關係很可能就會改變。例如有人打開窗戶，改善保溫效果，調整火爐開關，或者忘記加油。如果房間的主人請你把屋子弄暖和一些，或者室內溫度突然降低，需要你想個辦法，或者你希望用更少的燃料維持同樣的溫度，那麼在行為層面的分析就很難奏效。你必須再深入發掘系統的結構。

因此，基於行為的計量經濟學模型在預測短期經濟走勢時很有效，但是在做長期預測時卻表現很差；同樣地，它們在幫助人們找到如何改善經濟的對策方面也無能為力。

同時，這也是各類系統讓我們感到驚訝的原因之一。我們太沉迷於系統產生出來的事件，卻很少關注系統行為的歷史，也不善於從後者中發現線索，揭示潛在的系統結構。事實上，系統結構才是系統行為與事件產生和演進的根源所在。

2.在非線性的世界裡，不要用線性的思維模式

> 線性關係很容易理解：愈多愈好。線性方程組是可解的，因此廣泛存在於各種教科書中。
>
> 線性系統有一個重要的模組化屬性，也就是你可以把它們拆分成一個個零件，然後重新組裝。
>
> 非線性系統通常不可解，不能被拆分和拼裝。非線性關係意味著身處其中的參與者可以隨時改變遊戲規則。變化的不確定性使得我們難以計算非線性關係，但它也可以比線性系統產生出更為豐富多彩的行為。
>
> ——詹姆斯・格雷克（James Gleick）[3]，
> 《混沌》（*Chaos: Making a New Science*）作者

我們通常並不特別擅長理解關係的本質。**在系統中，如果兩個要素之間的關係是線性的，就可以用一條直線表述，它們之間有著固定的比例。**例如，我在土壤裡施10磅肥料，就可以多收2斗（Bushel，亦稱為浦式爾。在美國，一斗約35公升）穀物；如果施20磅肥料，收成將增加4斗，依此類推。

非線性關係是因與果之間不存在固定的比例關係；二者的關係只能用曲線或不規則的線來表示，不能用直線。例如，如果我在土壤中施100磅肥料，收成可增加10斗；如果施200磅肥料，收成也不會再增加；如果施300磅，甚至反而造成減收。為什麼呢？因為土壤的有機質遭到過多的肥料破壞，「燒」死農地。

世界上到處都是非線性關係。因此，如果我們以線性思維觀察這個世界，就會經常感到驚喜。很多人都知道，一分耕耘，一分收穫；付出兩分耕耘，就可能有兩分收穫。但是，對於非線性的系統就並非

如此。兩分耕耘，可能只能得到六分之一的收穫，也可能得到四倍的收穫，或者根本沒有收穫。

以下是非線性的關係的一些範例：

- 隨著高速公路車流量的增加，車輛密度（每公里汽車數量）從零成長到一定限度時，汽車行駛速度會受到輕微的影響；然而，在超過這個限度之後，只要汽車密度再稍微增加一些，汽車行駛速度就會顯著降低。之後，就會形成交通壅塞，汽車行駛速度會降到零。
- 在相當長的時間裡，土壤流失都不會對收成造成多大影響，一旦表層土壤遭到沖蝕，植物根部裸露出來，就會造成作物收成大幅下降。
- 少量的格調高雅廣告可以喚起人們對某款產品的興趣；但是一大堆庸俗喧囂的廣告，則可能招致人們的反感。

透過上面這些例子，你可以看出為什麼非線性的關係會讓人感到驚訝，它們不符合看似合理的預期和推理，並不是少許努力就有少許回報，或更多努力就會有更多回報；或者少數破壞式行為只產生可以容忍的少量傷害，或更多這樣的行為產生更大的傷害。如果以類似這樣的預期來看待非線性的系統，將會不可避免地碰壁或犯錯。

理解非線性是非常重要的，不僅因為它們有悖於我們對行動與結果之間關係的正常預期，更重要的是，它們改變反饋迴路的相對力量對比，有可能使系統從一種行為模式跳轉到另外一種。

對於我們在第三章中提到的幾類系統而言，非線性的關係是發生「主導地位轉換」的主要原因，例如從指數成長模式突然轉變為衰

退，就是因為非線性關係，導致系統由增強迴路占據主導地位，轉變為調節迴路占主導。

　　為了讓大家更形象地理解非線性的關係的效果，我們來看一下雲杉色卷蛾入侵北美森林造成破壞式傷害的案例。

系統寓言：雲杉色卷蛾、冷杉和殺蟲劑

　　樹木的年輪紀錄顯示，在過去至少四百多年時間裡，每隔一段時期北美地區雲杉色卷蛾就會氾濫成災，殺死大量雲杉和冷杉樹。但是，直到本世紀，幾乎也沒人對此特別留意。這是因為，在林業行業，有價值的是美國五針松，而冷杉和雲杉一向被歸入「雜木」類。然而，由於原生松樹植株的消失，林業企業終於開始關注起雲杉和冷杉樹。這也使得雲杉色卷蛾突然被視為一種危害性極大的昆蟲。

　　所以，從1950年代開始，北美北部林區開始每年噴灑DDT農藥，以控制雲杉色卷蛾的泛濫。儘管每年都噴藥，但色卷蛾蟲害每年都會再度爆發。DDT的使用從1950年代一直延續到1970年代，直到DDT被禁止使用為止。在此之後，人們開始噴灑殺螟硫磷、高滅磷、西維因以及甲氧氯等農藥。

　　儘管後來人們意識到殺蟲劑不能徹底解決蟲害問題，但它們仍然被認為是不可缺少的。正如一位護林人所說：「殺蟲劑為我們贏得時間。所有森林管理員都希望贏得時間，讓樹木生長，直到成材。」

　　到1980年代，殺蟲成本已經非常高昂，加拿大新布倫瑞克省（New Brunswick）當年用於防蟲的費用竟高達1,250萬美元。一

些市民開始抗議，反對濫用有毒殺蟲劑。儘管如此，雲杉色卷蛾每年仍要毀掉多達2,000萬公頃（約5,000萬英畝）的森林樹木。

英屬哥倫比亞大學（University of British Columbia）的霍林（C. S. Holling）和新布倫瑞克大學（University of New Brunswick）的戈登‧巴斯克維爾（Gordon Baskerville）使用電腦建模技術，對蟲害問題進行全方位的系統分析。他們發現，在開始使用農藥之前，在大多數年份裡，雲杉色卷蛾的數量都很少；它們受到很多捕食者的控制，包括一些鳥類、蜘蛛、寄生蜂，以及其他疾病的影響。然而，每隔一、二十年，就會有一次色卷蛾蟲害大爆發，持續約6～10年時間。接下來，害蟲數量會減少，直到下一次爆發。

色卷蛾傾向於先侵害香脂冷杉，其次是雲杉。在北部林區，香脂冷杉是最有優勢的樹種。依靠自身的特點，香脂冷杉可以排擠雲杉和樺樹，使它們無立足之地，從而使得整片森林逐漸成為香脂冷杉獨活的天下。然而，每次色卷蛾蟲害的爆發都會大大減少冷杉的數量，使得雲杉和樺樹有生長的空間。然後，冷杉數量會慢慢恢復，並再次稱雄。

隨著冷杉數量的增加，色卷蛾蟲害大爆發的可能性也迅速增加。但二者的關係是非線性的。色卷蛾的繁殖能力很強，數量成長遠快過相應的食物供給的成長。最後，只要有兩三個溫暖、乾燥、非常適合色卷蛾幼蟲生長的春天，就可能爆發大規模的蟲害。如果只在事件層面上分析，可能還會有人把蟲害的爆發歸咎於某個春季的天氣呢。

色卷蛾數量成長太快，超過它們的天敵能夠控制的限度，二

者的關係也是非線性的。在大多數情況下，大量色卷蛾也將導致捕食者數量的快速增加。此時，這是一個同向變化關係，色卷蛾愈多，捕食者數量成長愈快。但是，超過某個點之後，捕食者就不能再加速繁殖。此時，二者關係轉變為非線性關係，色卷蛾更多，但捕食者不能更快地繁殖。最後，大規模蟲害爆發，一發不可收拾。

現在，只有一件事可以阻止蟲害的爆發，那就是：色卷蛾吃掉大片冷杉，導致自己的食物減少。到這個時候，色卷蛾數量會迅速減少（這也是**非線性的**）。原先，色卷蛾自我繁殖的增強迴路（色卷蛾數量愈多，新出生的色卷蛾就愈多）占據主導地位；現在，大量色卷蛾被餓死的調節迴路占上風。之後，在冷杉死掉的地方，雲杉和樺樹又生長起來，如此周而復始。

數十年來，色卷蛾─冷杉─雲杉的系統周期性振盪，但是總體來講，仍在一定限度內保持著生態的穩定性。它們可以一直這樣延續下去。色卷蛾的主要作用是不讓冷杉一樹獨大，保持樹種和環境之間的動態平衡。但是，生態上的穩定並不等於經濟上的穩定。在加拿大東部，當地經濟幾乎完全依靠伐木，而這主要依靠的就是冷杉和雲杉的穩定供給。

當人類開始使用殺蟲劑之後，打破整個系統的平衡，很難達到系統內部各種非線性關係之間微妙的平衡點。因為殺蟲劑殺死的不只是害蟲，還有害蟲的各種天敵，因此削弱大自然中存在的控制害蟲的反饋迴路。這樣一來，冷杉的密度一直保持在較高的水準上，使得色卷蛾的數量難以降低到數量開始快速降低的那個點，造成蟲害每年爆發一次。

這樣的森林管理措施使色卷蛾始終保持著「亞爆發狀態」，也使森林管理當局坐在一個隨時可能爆發的「火山口」上，深陷其中，欲罷不能。繼續用藥的話，只能勉強維持，疲於應付；而如果放棄用藥，色卷蛾的反撲力度又將空前強大，甚至可能徹底毀掉整個森林。[4]

・系統思考訣竅・

系統中的很多關係是非線性的，它們的相對優勢變化與存量的變化是不成比例的。反饋系統中的非線性的關係導致不同迴路之間主導地位的轉換，也相應地引起系統行為的複雜變化。

3.恰當地劃定邊界

> 當我們進行系統思考時，一個基本的誤解是容易把它和
> 另外一個流行詞「副作用」混淆。「副作用」這個詞意味
> 著，存在一些「我沒有預見到或者想到的」結果。其實，副
> 作用只不過是「主要結果」的副產品而已。進行系統思考很
> 難，我們很容易曲解自己的語言，為自己開脫，讓自己相信
> 沒有必要這麼做。
>
> ——加勒特・哈丁（Garrett Hardin）[5]，生態經濟學家

還記得我們在第一章和第二章中畫的一些結構圖中存在一些雲狀物嗎？千萬不要小看這些雲！它們是系統之所以讓我們感到意外和驚奇的主要來源之一。

雲表示的是流量的源頭和終點。它們是一些存量，是流量的來源和去處，但是為了便於討論，我們暫時對其進行簡化和忽略。它們標記著系統圖的邊界，但很少是系統真正的邊界，因為系統很少有真正的邊界。從某種意義上講，每一種事物都與其他事物存在著連結，或多或少，或深或淺。例如，海洋與陸地之間並不存在涇渭分明、清晰明確的界線，社會學與人類學也很難截然分開，汽車的排氣管和你的鼻子之間也存在著連結。**所謂的邊界，只是人為的區分，是人們出於觀察、思考、理解、表達、交流等方面的需要，而在心理上設定的或社會上一般公認的虛擬邊界。**

系統最大的複雜性也確實出現於邊界上。例如，在德國和捷克的邊境線兩側，兩國居民並非水火不容，而是你中有我，我中有你；在森林與草原之間，物種也在相互滲透，森林裡的動物會到草原上開

逛，草原上的動物也會在一定程度上進入森林中。**因此可以說，恰恰是邊界上的無序、混雜，成為多樣化和創造力的根源所在。**

在我們第三章提到的汽車庫存系統裡，導致經銷商庫存增加的流入量（即汽車到貨量）的源頭以雲來表示。當然，汽車並不是從雲彩裡憑空掉下來的，它們需要經歷一系列複雜的生產、運輸過程，離不開各種原材料，以及資本、勞動力、能源、技術、管理等要素。類似地，庫存的流出量（即汽車銷售量）的去向也可以用雲來表示，並不意味著這些汽車化為雲朵飄到天上，而是銷售給千家萬戶使用。

因此，我們在分析問題時，究竟要不要深刻地考慮製造商的原材料、成品庫存等因素，以及消費者對汽車的使用、維修、更換等問題，還是將其簡化為一朵雲，主要取決於我們要研究的是哪個系統，這些存量是否對於我們所關注的系統行為變化有顯著影響。如果原材料的供應充足而穩定，而且顧客對汽車的需求是持續的，那麼用雲來表示就是有效的。相反地，如果原材料出現短缺，或者產品供過於求，抑或是顧客的需求出現重大變化，而我們在考慮問題時沒有把這些存量劃入系統的邊界進行考慮，那麼未來系統將出現令我們意想不到的事件。在這種情況下，就不能再將其化簡為雲、忽略不計。

但是，在**圖4-1**中，依然存在雲，系統的邊界還可以繼續擴展：制造汽車的原材料來自化工廠、鋼鐵廠或煉油廠，而它們的輸入都是來自於地球。同時，加工過程不只是製造出了產品，帶動就業，也創造福利和利潤，產生汙染。舊汽車報廢之後，要麼被丟進垃圾掩埋場、焚化爐，要麼開進汽車解體廠、資源回收中心。在那些地方，它們繼續對社會和環境施加影響：垃圾場的廢物、廢氣、廢液外洩，有可能造成水、空氣汙染；焚化爐產生濃煙和灰燼；資源回收中心則將一些材料回收利用。

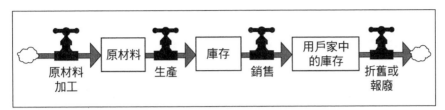

【圖4-1　揭開「雲」背後的一些存量】

　　究竟要不要考慮各種流量的所有環節，從礦山到垃圾掩埋場，或者叫「從搖籃到墳墓」，這主要取決於誰想知道什麼，出於何種目的，以及在多長的時間範圍考慮問題。從長期來看，完整考慮流量的各個環節是很重要的；同時，隨著實體經濟的成長，社會的「生態足跡」不斷擴大，「長期」也正在不斷向我們靠近，成為「短期」。

　　似乎在一夜之間，垃圾掩埋場已爆滿，這讓很多人感到詫異和不可理解，因為在他們看來，垃圾丟出去就等同於「消失」。同樣地，很多原材料也不是取之不盡、用之不竭的，包括煤炭、金屬、石油、天然氣和水源等，都在以驚人的速度枯竭。

　　從足夠長的時間維度上看，即使是礦山和垃圾掩埋場也不是故事的全部。整個地球系統更大的物質迴圈驅動著各種物質的轉化，滄海桑田不斷變遷。億萬年之後，今天在垃圾掩埋場裡的所有東西都可能位於高山之巔，或者深海之下，形成新的金屬礦藏或石油煤炭。對於我們居住的這個星球而言，沒有什麼東西是「雲」，也沒有最終的邊界。即使空中飄浮著的真正的雲，也是水迴圈的一部分。每一件事物都來自他處，每一件事物都走向他處，所有的事物都處在不斷運動、變化之中。

　　當然，這並不是說，每一個模型都必須包含所有的關聯，直到囊括整個星球。在建模時，雲是模型必不可少的一部分，因為建模本身

就是一個形而上的過程，必須合理地劃分邊界。有些事物確實是憑空生出來的，像是我們經常會說：「怒火中燒」「萌生愛意」，或是憤怒、愛、仇恨、自尊等，從字面意義來看，都是從「雲」裡來的，很難講清楚來由。因此，**如果我們試著理解某一件事，就必須將其簡化，這就意味著設定邊界。**而且，這樣做通常是安全的。例如，我們把人口的出生和死亡看成源於白雲和化為雲，並沒有什麼問題。

　　圖4-2顯示的就是「從搖籃到墳墓」過程的實際邊界。但是，對於解釋其他一些問題，例如出現大量的移民或人口的劇烈波動，抑或是探討產房床位、墓地空間是否充足等，這些邊界就顯得過於廣泛且無用。

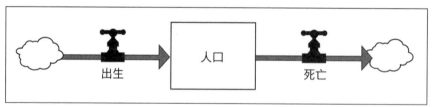

【圖4-2　更大的「雲」】

　　對於系統思考者來說，認識和把握系統的邊界是一個很難的課題，**因為在系統中，並不存在一個明確、清晰劃定的邊界，而是要我們根據自己的需求和實際情況劃定。邊界劃定不當，很可能會帶來一些問題。**

　　如果邊界劃定得太窄，一些對系統行為有顯著影響的因素未被認真分析和對待，系統就可能產生令你意想不到的行為。

　　　　例如，你想解決城市交通壅塞問題，而未考慮到人們的
　　居住、生活模式，這一問題將很難得到有效解決，一些對策
　　甚至可能會引發更大的問題。比如，你建起幾條快速道路，

試圖緩解交通壓力，但這吸引一些房地產公司在快速路沿線開發地產專案；相應地，這些地產專案又增加更多的交通流量，導致高速公路也開始壅塞起來。

　　如果你想使流經你所居住城鎮的一條河的河水變得清澈，你就不能把邊界只劃定在你所居住的城鎮，必須把整條河都考慮進來，因為如果上游的汙染源得不到有效治理，你的努力就將是徒勞的。同時，你要考慮的可能還包括河流兩岸的土壤和地下水。當然，你可能無需考慮另外一個流域的問題，更不用考慮地球水迴圈問題。

・系統思考訣竅・

　　世界是普遍連結的，不存在孤立的系統。如何劃定系統的邊界，取決於你的分析目的，也就是我們想問的問題。

　　在規劃國家公園時，人們以前只是劃定一個物理的邊界，認為把這裡面保護起來，就能解決問題。然而，在保護區之外，野生動物會定期遷徙、四處遊蕩，河流水系（包括地下水）也會流入、流出，人員往來穿梭，因此界線之外的人類活動、經濟發展也會影響到保護區。近年來，這樣的例子屢見不鮮，包括酸雨、溫室效應引發的全球變暖、氣候變化等。即使沒有氣候變化，想有效管理國家公園，你也必須把邊界設定得比法定邊界更寬。

　　與此相反，在進行系統分析時，人們經常陷入另外一個陷阱：把系統邊界設定得太寬。在分析一個問題時，往往要畫好幾頁的圖表，密密麻麻，用很多箭頭把各種事情都連結起來；在他們看來，這樣才是一個系統。唯恐如果少考慮一件事，就顯得「不那麼系統」。

其實，「我的模型比你的大」只是一個淺薄的想法，其結果是分析過於龐雜，堆積大量的資訊，反而遮掩問題的真實答案。例如，在模擬全球氣候問題時，堆砌所有的細節，列舉各種原因，雖然很充實、有趣，卻反而更容易讓人迷失，無法發現如何減少二氧化碳排放、控制氣候變化的關鍵。

在思考一個問題時，正確地設定邊界很重要，但這和學術研究上的邊界以及政治上的邊界不是一個概念。河流可能是兩個國家之間天然的界線，但對於水源的數量和品質管制而言，如果也以這個為界，那結果就可能不盡如人意。同樣，大氣治理也不能僅限於政治上的邊界。**對於溫室效應、臭氧層的破洞或海洋汙染來說，國境並沒有任何意義。**

理想情況下，對於每一個新問題，我們都應該在頭腦中為其劃定一個合適的邊界。但是，我們往往很難保持這樣的靈活性。一旦我們在頭腦中劃定一些邊界，它們就會逐漸變得根深蒂固，甚至理所當然。為此，很多爭鬥都是與邊界有關的，例如國家之間的戰爭、貿易壁壘、人種差異、文化隔閡、公共部門與私營企業之間的責任劃分、貧富差距、汙染與被汙染、現代人與子孫後代等。對於經濟和政府、藝術與藝術史、文學與文學評論之間的邊界問題，在學術上可以爭論很多年。事實上，大學本身就是邊界僵化的一個典例。**圖4-3**列舉更多關於邊界劃定的案例。

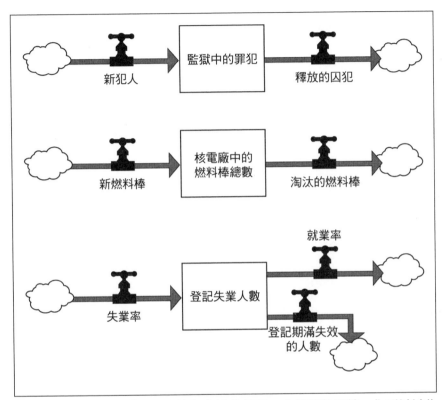

【圖4-3　更多關於「雲」的範例】這些都是一些複雜的系統，你可以以此當成起點，但不能局限於既定的邊界進行分析，不能讓「雲」阻止你的思考。根據你所研究的問題，你可能需要超愈這些邊界進行思考。例如「什麼因素導致新犯人的增加？核電廠燃料棒淘汰之後究竟送到哪裡？失業者在其登記申請失業補助津貼期滿失效以後怎麼辦？」等。

系統提示：正確劃定系統邊界

　　從某種程度上看，劃定系統的邊界需要較高的藝術性。請記住：邊界是我們自己劃定的，對於新的問題，出於不同的目的，可能需要並且應該對其進行重新考慮。事實上，在面對每一個新任務時，都應該忘掉在上一次任務中行之有效的邊界劃分；而針對當前問題的需要，應創造性地劃定最合適的邊界。對很多人來說，這是一個不小的挑戰。但是，為了有效地解決問題，這也是十分必要的。

4.看清各種限制因素

　　系統之所以讓我們感到驚奇，是因為在我們的思維中，傾向於認為單一的原因只會引發單一的結果。同一時間內，我們往往只能考慮一件或至多幾件事情。而且，我們不喜歡考慮限制因素或範圍，尤其是當我們在制訂自己的計畫或力求實現既定目標的情況下。

　　但是，我們所生活的這個世界並非如此簡單。通常情況下，很多原因一起起作用，會產生很多種結果；多個輸入產生多個輸出；而且，幾乎所有輸入和輸出，都會受到各種限制。例如，工業生產過程就需要：

- 資本
- 勞動力
- 能源
- 原料
- 土地
- 水
- 技術
- 信用
- 保險
- 客戶
- 管理
- 公共基礎設施以及政府服務（如治安、消防、教育、醫療衛生等）
- 員工和客戶的家庭、社區

・穩定、健康的生態系統，供應或者支援各種原材料、生產
　要素，吸納或處理生產中的廢棄物等。

在一小片土地上種植穀物，則需要：

・陽光
・空氣
・水
・氮
・磷
・鉀
・各種微生物
・鬆軟肥沃的土壤以及有機質
・控制野草和昆蟲的一些系統或機制
・保護其免受工業生產廢棄物傷害的措施

　　根據德國化學家尤斯蒂斯・馮・李比希（Justus von Liebig）提出
的著名的「最小因數定律」，我們在上面列出的只是種植穀物必不可
少的一些要素。在他看來，如果缺少其中任一項要素（如磷元素），
即使有再多的其他要素都不管用；同樣，如果問題是缺少鉀元素，就
算施加再多的磷元素也毫無意義。

　　正如俗話說：「巧婦難為無米之炊」。如果沒有酵母，即使有再
多的麵粉，也做不出麵包來。小孩子不管吃下多少碳水化合物，如果
缺少蛋白質，身體也不會健康。同樣，不管有多少客戶，沒有資本，
公司也無法正常營運；相反地，資本再多，如果沒有客戶，公司的營

運也難以為繼。

這就是**限制因素**（limiting factor）的概念，雖然很簡單，但是很多人卻對此存在誤解。

> 例如，農學家認為，透過檢測土壤中各種營養成分的含量，可以確定最佳的施肥量。但是，他們是否考慮到把農作物生長所需的各種限制因素？人工製造的化肥會對土壤中各種微生物和有機質造成什麼樣的影響？化肥是否會影響或限制土壤其他功能的發揮？化肥的生產又受到哪些限制？這些問題是否已經得到周全的考慮，並可以清楚地回答？

一些已開發國家將資本或技術轉移到開發中或未開發國家或地區，但是效果不佳，受援助國的經濟並未有大的起色，很多人對此大感困惑。其實，經濟發展也有很多限制因素，不只是資本和技術，甚至這些東西根本不是受援助國經濟發展最主要的限制因素。

在人類經濟發展史上，確實有一段時期，制約生產力提升的最大因素是資本和勞動力。解決這兩個問題，就能推動經濟發展。因此，大多數經濟發展措施也只重點關注這兩個因素（有時候也會考慮技術因素）。然而，隨著資本和勞動力「瓶頸」的突破，經濟逐步發展，日漸與生態系統息息相關，限制因素也開始轉變為清潔的水源、空氣、垃圾掩埋場、能源以及原材料供應等。在這種情況下，如果還是按照傳統只關注資本和勞動力，只能事倍功半。

在系統動力學領域，一個經典模型是由系統動力學先驅、麻省理工學院教授傑‧福瑞斯特（Jay Forrester）開發的企業成長模型。在該模型中，一家初創企業非常成功，快速成長，而問題的關鍵是認識並

處理各種限制因素，這些因素會隨著公司自身的成長而不斷變化。

　　例如，如果公司雇用更多的銷售人員，訂單就會大量增加，從而超出工廠的產能，導致交貨延遲、部分客戶流失。此時，產能成為最主要的限制因素。於是，管理者決定投資建廠，以緩解欠貨壓力。新廠建設過程中，需要雇用大量的新員工，並對其進行培訓，而這通常慢於廠房和機器設備安裝、啟用的速度；由於並未受太多的重視，因而效果欠佳。於是，開始出現一些產品品質問題，再次導致客戶流失。此時，員工的技能成為最重要的限制因素。所以，管理者又開始加強對員工的培訓。逐漸地，品質得以改善，新的訂單又大量增加，但是此時，訂單執行和跟蹤系統又出現壅塞，不一而足。

　　事實上，對於每一個工廠、兒童、流行病、新產品、技術、公司、城市、經濟和人口等，都存在多重限制。你不僅需要知道有哪些限制因素，它們中的哪個或哪些發生主要作用，而且需要認識到，如果**成長變緩或者約束變強**，就說明起主導作用的限制因素正在發生改變。

·系統思考訣竅·

　　在給定的一段時間內，對於系統來說，最重要的一項輸入是限制或約束力度最大的那個因素。

　　植物的生長與土壤的相互作用，公司擴張和市場的賽局，經濟發

展與資源之間的關係都是動態變化的。**當解除一種因素的制約，成長就開始啟動，而成長本身會改變各種限制因素之間的強弱對比，因此，相對最為稀缺的一種因素開始逐漸發揮作用。**這時候，成長就會減緩或陷入停滯。要將注意力從相對豐富的資源（制約力沒有那麼強）轉移到潛在的下一個最主要的限制因素，需要對成長過程的真正理解，並具備有效掌控的能力。

　　任何一個有著多重輸入和輸出的物質實體，包括人口、農作物生長、生產過程、經濟發展等，都受到多重限制因素的制約。隨著系統的發展，系統自身會影響和改變各種限制因素，也在這一過程中即時地受到各種限制因素的影響。系統與其限制環境之間構成一個相互進化的動態系統。

　　然而，理解系統受到多重因素限制，對即將到來的下一個限制因素保持警惕，並不是實現持續成長的祕方。在限定的環境裡，任何物質實體要想永保持續成長是不可能的。因此，從根本上講，**關鍵不是追求持續成長，而是選擇在哪些因素的限制之下維持生存。**如果你的公司能以可承受的價格生產某些精美的產品或服務，訂單就會蜂擁而至，直到你無法應付，出現某些瑕疵或限制，降低產品的完美程度，或提高它的價格；如果某一個城市居民的生活環境明顯優於其他城市，人們就會絡繹不絕地聚集到這個城市，直到超過該城市可以容納的限度，導致生活環境變差[6]。

　　成長都存在著限制，其中有些限制是自發的，而有些則是系統施加的。沒有任何物質實體可以永遠成長。如果公司管理者、政府當局、社會人口不能認識到其成長過程所面臨的限制，並自覺地對其成長過程加以選擇和控制，那麼環境也會做出選擇，並施加以限制。

5.無所不在的時間延遲

> 我驚恐地意識到，我急迫地希望重建民主，有些做法卻幾乎已經和理想主義者一樣。我一直希望更快地推動歷史的發展，卻犯下「揠苗助長」的錯誤。
>
> 我意識到，當我們試著創造一個新事物時，我們必須學會等待。我們必須充滿耐心地播種，精心澆灌土地，讓種子自己發芽、生長，它需要時間。你不可能愚弄植物，你更不可能愚弄歷史。
>
> ——瓦茨拉夫・哈威爾（Václav Havel）[7]，
> 捷克共和國第一任總統、劇作家

無論是植物的成長、森林的樹蔭，還是民主的發展，都需要時間。同樣，你投入郵筒裡的信件送達目的地，需要時間；顧客注意到價格的變化，並據此調整他們的購買行為，需要時間；建造一座核電站，需要時間；機器的磨損，需要時間；同樣地，新技術的普及，也需要時間。

我們經常對事物發展需要多少時間感到出乎意料。對此，福瑞斯特告訴我們，當我們在搭建模型或應對延遲時，可以先問一問系統裡的每一個人，他們認為時間延遲有多長，對其進行分析、做出最精準的預測，然後再擴大三倍。我也發現，對估計寫一本書需要多長時間，這個修正方式也同樣適用。

在系統中，時間延遲比比皆是。每一個存量都是一個延遲，大部分流量也有延遲，包括運輸延遲、感知延遲、處理延遲、成熟延遲等。以下是我們在建模過程中發現的一些很重要的延遲範例：

- 在病毒感染和症狀發作前往就醫之間存在延遲（有時候也稱為「潛伏期」），有可能是幾天，有可能是幾年；
- 在汙染發生與汙染物在生態系統中擴散或累積、造成危害之間，存在延遲；
- 家畜家禽和農作物從出生到成熟之間存在時間延遲，使得這些大宗商品的價格具有周期性振盪的特性：豬的周期為4年，乳牛的周期為7年，可可樹的周期為11年[8]；
- 改變人們認為合適的家庭規模的觀念至少需要一代人的時間；
- 生產線更換工裝以及資本存量的周轉也有延遲。設計一款新車並將其投放市場需要3～8年的時間，市場上新車銷售的生命周期約為5年，而它可以在路上平均行駛10～15年。

正確地劃定系統的邊界取決於討論的目的，對於重要的延遲也是這樣。如果你所關心的波動持續數週，你大可以不必考慮數分鐘或數年的延遲；如果你關心的是長期的人口規劃、經濟預測，時間跨度可能持續數十年，你通常可以忽略為期數週的振盪。因此，一項延遲是否顯著取決於你試圖理解的頻率處於哪一檔。

在第二章「系統大觀園」中，我們已經用實例展示一些重要的反饋迴路是如何影響系統行為的。**改變延遲的長短可以徹底地改變系統行為，同時，延遲也常常成為敏感的政策槓桿點。**這是因為，如果系統中的一個決策點對某一些資訊存在反饋延遲，使反饋延遲更長或更短一些，決策就可能偏離目標，從而導致人們為達到目標而採取更多或更少的行動。同時，如果採取行動太快，則可能因過度反應而放大短期的波動，產生不必要的振盪。時間延遲決定系統的反應速度有多

快，達到目標的準確性，以及系統中資訊傳遞的及時性。矯枉過正、振盪和崩潰也經常是由時間延遲所引起的。

·系統思考訣竅·

　　當在反饋迴路中存在較長的時間延遲時，具備一定的預見性是必不可少的。如果缺乏預見性，等到一個問題已經很明顯才採取行動，將會錯過解決問題的重要時機。

　　認識時間延遲，有助於我們理解，為什麼戈巴契夫可以在幾乎一夜之間改變蘇聯的資訊系統，卻不能改變實體的經濟（這需要數十年時間）。我們也可以更好地理解為什麼東西德合併，社會所經歷的痛苦期要遠遠長於政治制度的變革。因為建設新的發電廠需要很長時間，電力工業經常被周期性的波動所困擾，要麼是供過於求、產能閒置，要麼是供不應求、導致限電。因為海洋對氣候變化的反應時間延遲長達數十年，導致人類燃燒化石燃料排放的二氧化碳已經對氣候變化造成嚴重影響，一、兩代人都難以修復。

6.有限理性

> 只要每一個人都竭盡所能地管理好自己的資本，使其價值最大化，就能支持本國的產業（中略）。從主觀上講，他的確並不想提高公共利益，也不知道自己對公共利益有多大明（中略）。他的目的僅僅是促進個人的利益所得（中略）他在一隻「看不見的手」的引導下，在實現自己利益的過程中，無形之中增進公共利益。藉由追逐個人利益，他可以更多、更有效地促進社會利益，甚至比他真心希望促進社會利益時還要有效。
>
> ——亞當‧斯密（Adam Smith）[9]
> 18世紀政治經濟學家

　　如果市場這隻「看不見的手」真的能夠引導個體在追逐私利的同時也增進集體的福利，那確實是太棒了。那樣的話，不只是物質上的自私將成為社會美德，對於經濟的數量模擬也將變得容易得多。無需考慮他人的利益，或者複雜的反饋系統的運作。難怪亞當‧斯密的模型在兩百多年的時間裡都一直有著如此強大的吸引力。

　　不幸的是，事實並非如此。這個世界呈現給我們更多的現實是，人們傾向於理性地從自己短期的最大利益出發，但每個人的行為彙集起來的結果卻是所有人都不願樂見的。

　　例如，世界各地的遊客蜂擁至夏威夷的威基基海灘或瑞士瓦萊斯州的采爾馬特冰川，卻開始抱怨眾多旅遊者已破壞這些地方；農民生產過多的小麥、牛油或乳酪，然後價格暴

跌；漁民們過度捕魚，卻最終導致自己丟掉飯碗；眾多公司看到有利可圖就加碼投資，最終導致供大於求和商業的周期性波動；窮人本來就不富裕，卻比富人生育更多的孩子。

為什麼？

這就是世界銀行經濟學家赫爾曼‧戴利（Herman Daly）所說的看不見的腳（invisible foot），或者是諾貝爾經濟學獎得主赫伯特‧西蒙（Herbert Simon）所說的**有限理性**（bounded rationality）[10]。

例如，漁夫並不知道哪裡有多少魚，也不了解同一天裡其他漁夫多捕或少捕多少魚。一位商人也無法確切地知道其他商人正在計畫哪些方面的投資，有哪些顧客願意購買，或者各種產品之間如何相互競爭。他們不知道市場的規模，也不知道自己當前的市場占比。他們有關這些方面的資訊都是不完整的，存在時間延遲，而且他們自身的反饋也存在延遲。因此，經常出現系統性的投資過度或產能不足。

‧系統思考訣竅‧

有限理性意味著，人們會基於其掌握的資訊制定理性的決策，但是由於人們掌握的資訊通常是有限的、不完整的，尤其是對於系統中相隔較遠或不熟悉的部分，由此導致他們的決策往往並非整體最優。

正如1978年諾貝爾經濟學獎得主赫伯特‧西蒙（Herbert Simon）所說，我們並非無所不知、理性的樂觀主義者；相反地，我們是浮躁的**自足自樂者**（satisficer），在做下一個決策之前，總是試圖**充分地**（sufficiently）**滿足**（satisfy）當前的需求[11]。我們會以理性的方式盡

力維護和擴大自身的利益，但是卻只能基於自己所知道的資訊進行思考。除非他人有所行動，否則我們不會知道他們計畫做什麼。我們也極少看到自己面前存在的所有可能性，也通常不會預見到自己的行動對於整個系統的影響，甚至有可能選擇性地忽略這種影響。因此，我們只能在自己有限的視野範圍內，從當前幾種很明顯的選擇中進行抉擇，並堅持自己的看法，不會考慮整體的長期最優方案。只有在被迫的情況下，我們才會改變自己的行動。

　　一些行為科學家認為，我們甚至不能妥善地解讀自己所掌握的那些有限的資訊。

- 我們會對風險做出錯誤的估計，將其中一些事情的危害程度估計得過高，或者輕視其他一些事情的危險性。
- 我們也容易過度誇大當下狀況的重要性，對眼前的經驗非常重視，而未對過去給予足夠的重視。
- 我們會更加關注當前的事件，而對一些長期的行為不那麼關心。對於未來的價值，我們會按照自己的價值判斷，打一些折扣，這些價值判斷會受到經濟或生態等方面的影響。
- 對於所有輸入的信號，我們不能正確地評估它們的重要性。我們不會全盤接受自己不喜歡的，或者不符合我們心智模式的所有資訊。

　　這就是說，即使為了最優化自己個體的利益，我們有時也不能做出完全正確的決策，更別提系統整體利益。

　　有限理性理論對主流經濟學提出挑戰，後者是建立在兩百多年以前亞當‧斯密的政治經濟學基礎之上的。如果你對經濟學有一定了

解，就很容易看到二者之間的差別有多大，這也導致長期激烈的論戰。發源於亞當・斯密的經濟學理論首先假設，每個市場主體都是基於完備的資訊、完全理性地做出行動的**經濟人**（homo economicus）；其次，當各個行為主體按照這些規則行動時，他們的行動累加起來，就會產生對每個人來說都是最好的結果。

從長期證據來看，上述的假定都無法成立。在下一章中，我們會深入探討其中一些最常見的結構，它們可能導致有限理性，並最終釀成災難。它們是一些常見的現象，包括上癮、政策阻力、軍備競賽、目標侵蝕以及公共資源的悲劇等。總之，如果不能理解有限理性，你將會備感意外。

假設你因為某種原因，離開自己所熟悉的生活環境，來到一個完全陌生的社會之中，你很難理解對於那裡人們的行為。

或者，之前你是一個堅定的反對派，而現在突然成為政府的一員。或者，你之前是一名普通員工，現在突然成為管理階層①。或者，你之前是一名環保主義者，一直批評某家大企業的新建開發專案，一夜之間，你成為該企業的員工，需要執行此專案。

如果發生這類巨變，各個方面都突然不同，你將如何應對？仔細想想看，頻繁地經歷這樣的轉變，能幫助人們拓寬視野嗎？

在你的新位置上，你會經歷新的資訊流、激勵和限制因素、目標、差異以及壓力，只有發生這種徹底的轉變，你才能如此真切地經歷和感受到有限理性。也許你會回想起以前從另外一個角度是如何看問題的，而且在你轉變系統視角之後，也會激發一些創新，但這無疑

譯注：

① 在西方，通常勞資雙方或員工與管理階層之間，存在難以調和的利益衝突或矛盾。

是不可能發生的。

　　如果你成為管理者，你可能不再會把員工看做是生產線上有功勞的夥伴，而是將其視為需要縮減的成本；如果你變成投資人，你也可能和其他投資人一樣，在繁榮期過度投資，在衰退期減少投資；如果你變得一貧如洗，可能也會對每天的每一項開支斤斤計較、精打細算，並期盼著哪一天能有發達的機會，或打算多生幾個小孩；如果你是一名漁夫，漁船是抵押貸款購置的，為了養家，但對魚群數量的狀況也不了解，在這種情況下，很可能也會過度捕撈。

　　在教學中，我們藉由遊戲模擬演練也能發現類似結果。在這個過程中，學生們置身於模擬的情境，扮演各種不同的角色，對真實、不完整的資訊流做出反饋。身為漁夫，他們會過度捕撈；身為發展中國家的最高領導人，他們會優先考慮核心產業的需要，而不是人民的需求；身為上流社會成員，他們會精心裝潢自己的愛巢；身為社會的底層，他們會變得冷漠或反叛。如果換成是你，也會如此。在美國心理學家菲力浦・金巴多（Philip Zimbardo）實施的著名史丹福監獄實驗（Stanford prison experiment），令人感到震驚的是，在很短的時間內，受測者的態度和行為就能和真正的獄卒與囚犯十分相似[12]。一般人（甚至是我們眼中的好人）都有可能為了服從當權者的命令，犯下最可怕的惡行。

> **・系統思考訣竅・**
>
> 　　要想改變行為，首先要跳出你所在系統中固有的位置，拋棄當時觀察到的有限的資訊，力求看到系統整體的狀況。從一個更廣闊的視角來看，可以重構資訊流、目標、激勵或限制因素，從而使分割的、有限的、理性的行動累加起來，產生每個人都期盼的結果。

　　有時候，在資訊有限的情況下，個人也能做出理性的決策，但有限理性並不能成為人們目光短淺的藉口，而是為我們提供理解為什麼會產生這些行為的機會。處於系統的特定位置上，他的所見、所知都是有限的，而其行為是合理的。在有限理性的情況下，如果換成另外一個人，結果仍是相同的。因此，只是責備個人，並不能有助於產生更加符合人們期望的結果。

　　令人感到驚奇的是，只要稍微強化一下有限理性，更好、更及時地提供更多、更完備的資訊，行為的轉變其實可以是很快、很容易的。

系統寓言：荷蘭房屋的電表

　　在阿姆斯特丹郊區的一個地方，有一些同一時期建造的獨棟別墅，外觀幾乎一模一樣。由於某種未知的原因，其中一些房屋的電表安裝在地下室，而另外一些則安裝在前廳裡。

　　這些電表都有一個透明玻璃罩，裡面有一個小的水準金屬圓盤。家庭用電愈多，圓盤就轉得愈快，而電表的刻度盤上顯示著累積的用電度數。

　　在1970年代早期石油禁運和能源危機時期，荷蘭政府開始重視能源的使用。統計發現，在這個地區，有些家庭的用電量比其他家庭少三分之一。對此，沒有人可以給出合理的解釋，因為所有家庭都是類似的，用電價格也一致。那麼，為什麼會有這樣的差別呢？

　　調查結果顯示差別取決於電表的安裝位置。用電多的家庭，電表都是安裝在地下室，人們很少能看得見電表；用電少的家庭，電表則是安裝在前廳中，每當人們走過都能看到電表的小圓盤在轉動，提醒人們本月的電費在不斷增加。（這件事是1973年我在丹麥科勒克勒〔Kollekolle〕參加一次會議時聽到的）。

　　儘管存在有限理性，只要系統的結構設計得很精緻，仍然可以在合適的時間、合適的地點做出合適的反饋，維持著適當的功能。例如，在一般情況下，你的肝臟只會得到必要的資訊，完成其需要執行的任務。在未受擾動的生態系統和傳統文化中，每個人、物種或種群，都以自己的方式服從並服務於系統整體，保持著整體的穩定性。儘管每個個體都有自己的策略，但這些系統和其他很多系統總體上都是可以自我調節的。正常情況下，它們不會產生問題，也不需要設置治理機構或者制定這樣那樣無用的政策。

　　從亞當‧斯密之後，人們一直相信，自由競爭市場是一種設計得當、可以自我調節的系統。在某種程度上，它確實如此；然而，在另外一些情況下，事實就並非如此，而且大家都很容易發現類似的證據。自由市場經濟體系的確允許生產商和消費者，對生產機會和消費選擇擁有最好的資訊，以做出公平的、不受限制的、理性的決策。但是，這些決策本身並不能糾正整體系統內生的壟斷傾向，以及一些不利的副作用（外部性），比如對窮人的歧視，或者產能的波動。

‧系統思考訣竅‧

　　系統中每個角色的有限理性，可能無法產生促進系統整體福利的決策。

　　讓我們借用一句常用的祈禱詞，並稍加改造來祈禱吧：

　　　　讓神賜給我們一顆平靜的心，在結構精緻的系統中自由地使用我們的有限理性；讓神賜給我們勇氣，重塑結構不良的系統；讓神賜給我們智慧，理解其中的差別。

　　受到資訊、動機、抑制因素、目標、壓力以及對其他角色的限制
等因素影響，系統中的每一個角色都存在有限理性，這可能會產生促
進系統整體福利的決策。如果不能，即使在同一個系統中放進新的角
色，也不會改善系統的表現。要想有所變化，就必須對系統的結構進
行重新設計，改進資訊、動機、抑制因素、目標、壓力，以及對某些
特定角色的限制等。

原文注

1. Wendell Berry, *Standing by Words* (Washington, DC: Shoemaker & Hoard, 2005), 65.

2. Kenneth Boulding, "General Systems as a Point of View," in Mihajlo D. Mesarovic, ed., *Views on General Systems Theory*, proceedings of the Second Systems Symposium, Case Institute of Technology, Cleveland, April 1963 (New York: John Wiley & Sons, 1964).

3. James Gleick, *Chaos: Making a New Science* (New York: Viking, 1987), 23–24.

4. This story is compiled from the following sources: C. S. Holling, "The Curious Behavior of Complex Systems: Lessons from Ecology," in H. A. Linstone, *Future Research* (Reading, MA: Addison-Wesley, 1977); B. A. Montgomery et al., *The Spruce Budworm Handbook*, Michigan Cooperative Forest Pest Management Program, Handbook 82-7, November, 1982; *The Research News*, University of Michigan, April-June, 1984; Kari Lie, "The Spruce Budworm Controversy in New Brunswick and Nova Scotia," *Alternatives* 10, no. 10 (Spring 1980), 5; R. F. Morris, "The Dynamics of Epidemic Spruce Budworm Populations," *Entomological Society of Canada*, no. 31, (1963).

5. Garrett Hardin, "The Cybernetics of Competition: A Biologist's View of Society," *Perspectives in Biology and Medicine* 7, no. 1 (1963): 58-84.

6. Jay W. Forrester, *Urban Dynamics* (Cambridge, MA: The MIT Press, 1969), 117.

7. Vaclav Havel, from a speech to the Institute of France, quoted in the *International Herald Tribune*, November 13, 1992, p. 7.

8. Dennis L. Meadows, *Dynamics of Commodity Production Cycles*, (Cambridge MA: Wright-Allen Press, Inc., 1970).

9. Adam Smith, *An Inquiry into the Nature and Causes of the Wealth of Nations*, Edwin Cannan, ed., (Chicago: University of Chicago Press, 1976), 477-8.

10. Herman Daly, ed., *Toward a Steady-State Economy* (San Francisco: W. H. Freeman and Co., 1973), 17; Herbert Simon, "Theories of Bounded Rationality," in R. Radner and C. B. McGuire, eds., *Decision and* (Amsterdam: North-Holland Pub. Co., 1972).

11. The term "satisficing" (a merging of "satisfy" and "suffice") was first used by Herbert Simon to describe the behavior of making decisions that meet needs adequately, rather than trying to maximize outcomes in the face of imperfect information. H. Simon, *Models of Man*, (New York: Wiley, 1957).

12. Philip G. Zimbardo, "On the Ethics of Intervention in Human Psychological Research: With Special Reference to the Stanford Prison Experiment," *Cognition* 2, no. 2 (1973): 243–56

第五章

系統的危險與機會
系統八大陷阱與對策

理性的精英們相信,透過科學技術的發展,可以對世界上每一件事做到一覽無餘,但是他們都缺乏一個更為廣闊的視野。從馬克思主義者到耶穌的信徒,從哈佛MBA到部隊軍官,都是如此(中略)。雖然主張各異,但他們都有一個共同的擔憂:如何使特定的系統有效運作;同時,社會文明也日益變得沒有目標和難以理解。

——約翰·羅爾斯頓·索爾(John Ralston Saul)[1],政治學家

對於時間延遲、非線性、模糊的邊界，以及其他一些令我們出乎意外的特性，在任何系統中都可找到。一般來說，它們是系統固有的特性，不可以被改變。

這個世界是非線性的。 如果為了管理方便，硬是要用數學或機械式方法使其線性化，即使可行，也是不明智的。事實上，這幾乎是不可能的。同樣地，邊界也與你所要研究或應對的問題相關聯，雖然有必要對其進行組織和澄清，但它本身也是非常模糊、短暫且易變的。

如果想讓複雜的系統不再那麼令人出乎意料，最主要的途徑就是加強學習，提高對複雜性挑戰的理解、尊重和利用能力。

但是，有些系統非常難以理解和駕馭，不只是出乎我們的意料，它們甚至是違反常理的，其結構方式註定會產生一些問題，讓我們陷入巨大的麻煩之中。系統性問題的表現形式很多，有些是獨特的，但有些卻非常常見。

我們把產生常見問題行為模式的系統結構稱為基模（archetypes），諸如公共資源的悲劇、目標侵蝕和競爭升級等。 這些基模是如此常見，以至於我只用不到一週的時間，就在《國際先驅論壇報》（*International Herald Tribune*）上找到足夠多的例子，以支持本章對各種基模的論述。

僅僅理解問題產生的基模結構是不夠的，試著容忍它們也不足夠，我們需要改變它們。對於它們造成的破壞，人們常常指責其中的某些參與者，或歸咎於某些事件，但實際上，這不過是系統結構使然。

用指責、懲罰、建立或調整某些政策這樣的「標準」應對方式，很難修正結構性問題，就像試圖讓編排好的劇情有一個好的結果，或者對破鏡子修修補補一樣，都難以奏效。這就是我把這些基模稱為

「陷阱」的原因。

　　當然，系統陷阱也是可以避開的，但前提是要預先識別陷阱，不觸發它們或者改變其結構，像是重設其目標，增強、減弱或改變反饋迴路，增加新的反饋迴路等。因此，除了把它們叫做「陷阱」之外，我也把這些基模稱為「機會」。

1.政策阻力：治標不治本

> 鄧白氏公司（Dun & Bradstreet Corp）首席經濟師約瑟
> 夫・鄧肯（Joseph W. Duncan）曾說過：「從歷史上看，我相
> 信投資稅貸款是刺激經濟的一個有效措施。」
>
> 但是，反對者也大有人在。他們認為，無人可以證明經
> 濟發展得益於投資貸款。在過去30年中，這一政策一再被批
> 准、調整和廢除。
>
> ——小約翰・庫斯曼（John H. Cushman），《國際先驅論壇報》，1992年[2]

就像我們在第二章中所講到的，調節迴路結構的主要表現就是會
消除外部力量對系統的影響，使系統特定的行為模式保持相對穩定，
沒有太多變化。對於我們每個人來說，這是一個偉大的結構，因為它
可以使我們的體溫保持在攝氏37度（或華氏98.6度）。但是，其他一
些長期持續的行為模式，可能並不符合人們的預期，往往被視為一個
問題。儘管人們發明各種技術、採取多項政策措施，試圖「修復」它
們，但系統好像很頑固，每年都產生相同的行為。這是一種常見的系
統陷阱，人們習慣稱之為「治標不治本」（fixes that fail）或「政策阻
力」（policy resistance）。

在我們的日常工作與生活中，「治標不治本」的例子比比皆是：

- 對於農產品，人們年復一年地採取各種措施，試圖減輕供
  過於求的情況，但產品過剩的問題仍然存在；
- 對於毒品氾濫，社會採取各種禁止、打擊措施，但毒品依
  舊氾濫；

- 當市場不景氣、從本質上看並不利於投資時，政府依然會推出投資稅收貸款或其他刺激投資的政策，但事實上幾乎沒有什麼效果；
- 在美國，不要指望任何一項單一的政策可以降低醫療成本；
- 在幾十年時間裡，美國政府一直在「創造就業」，但失業率長期居高不下。

　　我相信你也可以舉出一大堆類似的例子，人們前仆後繼地努力，但都於事無補、徒勞無功。

　　「政策阻力」來自於系統中各個參與者的有限理性，每一個參與者都有自己的目標，都會對系統進行監控，觀察一些重要變數的變化態勢，如收入、價格、房屋供給、毒品交易或投資等，並將其與自己的預期或目標進行對比。如果存在差異，每一個參與者都會採取某些措施，試圖扭轉當前的局勢，使其符合自己的預期或目標。**一般來說，目標與實際狀況之間的差異愈大，行動的壓力或強度就愈大。**

　　當各個子系統的目標不同或不一致時，就會產生變革的阻力。想像一下我們在第二章提到的單存量系統，例如城市裡的毒品供應，不同的參與者對同一個存量有不同的期望，希望將其拉往不同方向，像是吸毒者希望毒品供應充足；執法部門希望減少乃至杜絕毒品；販毒組織則希望毒品的供應量既不多也不少，以保持價格和收入相對穩定；一般居民真正想要的是社會治安穩定，減少吸毒者搶劫的風險。每一個參與者都盡力採取措施，以實現自己的目標。

　　如果某一個參與者占據優勢地位，使得系統存量朝一個方向運動，那麼，其他一些參與者將會付出加倍的努力，把系統存量往相反

方向拉：執法部門設法切斷毒品走私的管道，導致毒品供應量減少；市面上毒品的價格暴漲，吸毒者不得不實施加碼犯罪（如搶劫），以籌到更多的錢購買毒品；而價格暴漲給販毒者更多的利潤，使得他們更加強走私毒品（如購買飛機或輪船，逃避邊境檢查）。結果是，一方的努力成果會被抵消掉。事實上，某一方的成果愈大，反方向的抵消力量往往也會愈大，導致存量與以前的狀況沒有太大的差別，而這同時也是每一個人所不希望看到的。

在一個具有「政策阻力」的系統中，多個參與者有不同的目標。如果任何一方的態度有所讓步或放鬆，其他各方就會把系統往更靠近自己目標的方向拉，導致系統更加遠離讓步一方的目標。因此，每一方都不得不付出巨大的努力，以使系統保持在誰也不希望看到的狀態。事實上，這一類系統結構以類似「棘輪模式」（ratchet mode）運作，也就是**任何一方增強的努力，將導致其他所有人的努力也得到加強**。這種僵持不下且持續強化的模式很難緩解，有人可能會說：好吧，為什麼大家不能都退一步呢？要做到這一點很難，需要大量的信任和溝通，但有些溝通是很難做到的（如上面所講的販毒的例子）。

「政策阻力」的結局可能是悲劇，像是以下的例子：

　　1967年，當時的羅馬尼亞政府認為需要增加本國人口，遂做出決定：45歲以下婦女的流產行為是非法的。並開始嚴禁各種流產行為。很快地，出生率就增加兩倍。接下來，羅馬尼亞的人口就遭遇「政策阻力」的報復。

　　雖然避孕和流產仍然是非法的，出生率卻緩慢回落到接近政策推出之前的水準，而育齡婦女死亡率較之前增加兩倍。這主要是由於存在大量危險的、非法的流產。此外，這

項政策也造成孤兒大量增加，因為一些孩子雖然出生，但他
們的父母卻並不想撫養，又不能流產，於是成為遭到遺棄成
為孤兒。一些貧困家庭無力撫養眾多孩子，深知無法給他們
良好的教育，於是對政府增加人口的政策進行抵制，因為這
不僅增加他們自己的生活成本，而且也不利於孩子長大成人
以後的生活。

應對「政策阻力」的一種方式是，努力壓制它。如果你擁有足夠
大的權力，你可以行使權力壓制它，但相應的代價可能是招致怨恨
（因為可能不符合人們的期望），而一旦權力有所放鬆，則可能帶來
爆炸式的反彈。這就是羅馬尼亞人口政策制定者、獨裁者齊奧塞斯庫
（Nicolae Ceausescu）所面臨的狀況。他盡力維持自己的權力，以壓制
對其政策的反抗。當他的政府倒臺後，他和家人都被處以死刑。新政
府頒布的第一部法律，就是廢除對流產和避孕的禁令。

**相對於壓制，應對「政策阻力」的另一種方式是，放棄、廢止無
效的政策，將資源和能量應用於增強和堅持更具建設性的目標。**這是
違反人們的直覺的，因而幾乎是不可想像的。在系統中，你可能得不
到這種指示，但是如果你走錯方向，你也不會走很遠，因為你要花費
很大的精力採取糾正措施。這時候，如果你安靜下來，那些抵抗你的
人也會安靜下來。這種情況發生在1933年，美國終止禁酒令，之前造
成的混亂終於平息。

安靜下來，可以為人們提供更深入地審視系統內部反饋的機會，
讓我們理解人們行為背後的有限理性，發現更加符合系統各種參與者
目標的方式，使系統的狀態逐漸邁向更好的方向。

　　例如，一個國家要提高人口出生率，可以先去了解為什麼父母不願意多生孩子，然後再根據具體原因採取順應人們行為模式與意願的政策。父母少生孩子的具體原因，可能是他們沒有相應的資源、生活空間或時間，也可能是因為他們對未來缺乏安全感。

　　在羅馬尼亞禁止流產的同一時期，匈牙利也對低出生率感到憂慮，因為這可能會使未來缺乏足夠的勞動力，從而導致經濟衰退。

　　匈牙利政府發現，住房是影響家庭生育的一個原因。於是，政府推出相應的獎勵計畫：人口較多的家庭可以擁有更大的房屋。這個政策產生效果，但效果也很有限，因為住房只是影響生育的因素之一。但是，相對於羅馬尼亞政府採取的政策，匈牙利的政策效果很明顯，而且避免災難性的後果[3]。

**　　應對「政策阻力」最有效的方式是，設法將各個子系統的目標協調一致，通常是設立一個更大的總體目標，讓所有參與者突破各自的有限理性。**如果每個人都能為了同一個目標而和諧地相處，其結果將令人驚奇。對此，人們最為熟悉的例子就是戰時的經濟動員，或者戰後或災後的重建。

　　像是瑞典的人口政策，在1930年代，瑞典的人口出生率驟降，而瑞典政府和羅馬尼亞與匈牙利一樣，也對此頗感憂慮。不同於羅馬尼亞和匈牙利，瑞典政府評估自己的目標以及國民的目標，認為雙方有一個基本的共識，那就是關鍵不在於家庭人口的數量，而在於育兒的品質。每個孩子都應該

是被渴望、珍視的，都應該有條件接受良好的教育和健康保健，沒有孩子只存在物質需求。這些就是政府和國民共同的目標，可以協調各方。

最後，瑞典政府推出一系列政策，而它們看起來與當時的低出生率是格格不入的，因為它包括人們可以自由地避孕和流產，這符合「每個孩子都應該是受到期待與珍惜」的原則。

這一政策也包括廣泛地進行性教育、不過分限制離婚、免費的產科護理、對有需要的家庭給予支援，以及大大增加教育與保健投資[4]等。自從該政策推出之後，瑞典的人口出生率上升和下降數次，都沒有給國民和政府造成巨大恐慌，因為政府一直關注的是比人口數量更為重要的一個目標。

有時候，並不能在系統中找到一個和諧的總體目標，但這是值得人們努力嘗試的一個方向。只有放棄一些狹隘的目標，考慮整個系統更為長期的福利，才有可能找到這一目標。

常見的八大系統陷阱與對策

1. 政策阻力（Policy Resistance）

陷阱：當系統中多個參與者有不同的目標，從而將系統存量往不同方向拉時，結果就是「政策阻力」。任何新政策，尤其是當它恰好管用時，都會讓存量遠離其他參與者的目標，因而會產生額外的抵抗，其結果是大家都不願樂見的，但每個人都要付出相當的努力維持它。

對策：放棄壓制或實現單方面的目標。化阻力為動力，將所有參與者召集起來，用先前用於維持「政策阻力」的精力，尋找如何實現所有人的目標，實現「皆大歡喜」，或者重新定義一個更大、更重要的總體目標，讓大家願意同心協力實現它。

2.公共資源的悲劇

> 經過數個月的爭吵，德國總理科爾（Helmut Kohl）領導
> 的基督教民主聯盟上週與反對派社會民主黨達成協定，緊縮
> 對於避難申請的審批，以阻止大量經濟移民的湧入。
>
> ——《國際先驅導報》，1992年[5]

對於人們共同分享的、有限的資源，很容易出現開發（或消耗）逐步升級或成長的態勢。這時，就容易陷入「公共資源的悲劇」（tragedy of the commons，《第五項修練》書中將其譯為「共同的悲劇」）陷阱。

1968年，生態學家加勒特・哈丁（Garrett Hardin）發表一篇堪稱經典的論文，針對此常見的系統結構展開論述。哈丁在文章開頭以一片普通的牧草地為例指出：

> 試想一下，有這麼一片牧草地，對所有牧民免費開放。顯然，每一個牧民都會盡力擴大自己的畜牧規模（中略），自覺或不自覺地、明確或含蓄地，他們都會問：「如果我再增多一頭牲畜，效益如何？」
>
> 由於牧民全部享有額外增加牲畜的收入，正面效益接近+1。然而，如果每個人都這麼做，將導致過度放牧效應，但這個結果會由大家共同承擔。因此，對於單一的牧民而言，負面影響只是若干分之一。
>
> 由此，每位理性的牧民都能得出結論，個人能採取的唯一明智的行動就是不斷擴大牧群的規模。但是，這是每個人

都能想到的，大家都有這樣的共識。因此，悲劇就此釀成
（中略）。每一個牧民都被鎖定在系統中，迫使他們無節制
地增加牲畜數量[6]。然而，資源畢竟是有限的。每個人拚命努
力追求自己的最大利益，最終的命運就是集體毀滅。

在有限的環境中，有限理性的結果就是這樣。

在任何一個系統中，通常都有一些共用的資源（如牧草地）。對
於那些容易出現「公共資源的悲劇」的系統來說，共用的資源不僅是
有限的，而且在過度使用時會出現嚴重的侵蝕和衰竭。也就是說，超
過一定限度之後，資源愈少，其自我再生的能力也愈差，或者更可能
的情況是被徹底破壞。以牧草地為例，草愈少，牲畜就愈容易連根吃
掉整株草；由於失去草根，土壤就容易被雨水沖刷走，變得更加貧
瘠，草也就更難生長；這是另外一個惡性循環的增強迴路。

任何一個系統也離不開資源的使用者（如乳牛和牧民），他們有
很強的成長動力，**且成長速度不被系統的狀況所影響**。拿單個牧民來
說，沒有理由、動機和強烈的反饋，使其不再擴大自己的牧群規模，
從而防止過度放牧。相反地，他們會盡最大努力爭取自己的利益。

對於那些充滿期待的準移民來說，除了一心指望著從德國政府寬
鬆的移民政策中受益，他們也沒有理由考慮這一現實，即太多移民不
可避免地會迫使德國政府收緊這一法律。

事實上，當得知德國政府正在討論或有可能推出更為嚴格的移民
法律的消息時，更多的人**採取行動**，越過國境進入德國，爭取趕上合
法移民末班車。

使用者愈多，就會使用更多資源，導致每一個使用者可用的資源
減少。如果每個使用者都遵循有限理性原則，像是「沒有理由只讓**我**

一個人不擴大牧群規模」，無法阻止讓任何人減少使用資源。就這樣，對資源的使用速度將超過資源能夠承載的限度。因為使用者得不到這方面的反饋，過度使用資源的狀況還在持續，資源也日漸枯竭。最後，加速枯竭的迴路開始啟動，資源遭人類破壞殆盡，而所有的使用者都將毫無收成。

你可能會想，不會有人這麼短視，以至於大家最後同歸於盡吧？但是，不幸的是，這樣的狀況在歷史上比比皆是，以下只是幾個很常見的範例：

- 對某個景色秀麗的國家公園來說，如果對遊客數量不加限制，將很快人滿為患，自然的美景被破壞殆盡；
- 使用不可再生的化石燃料對每個人來說都有直接的好處，儘管由此會增加二氧化碳排放，產生「溫室效應」，引發全球氣候變化，但人們仍一如既往；
- 如果每個家庭想要幾個孩子就要幾個，卻由整個社會負擔所有兒童的教育、醫療保健和環境保護費用，那麼新生兒的數量將很快超過社會能夠負擔的水準（正是這個例子使加勒特・哈丁〔Garrett Hardin〕寫下那篇著名的論文）。

這些例子都離不開對可再生資源的過度使用，這是你已經在「系統大觀園」一章中見過的結構。「公共資源的悲劇」不僅可能出現在對公共資源的使用之中，也可能包括公用設施、公共排汙場地等。如果一個家庭、公司或國家可以讓整個社區來消化或處理其廢物，例如將汙染物未加處理就排放到河流的下游或下風向，那它們的成本就可以降低，利潤得以增加，或成長得更快。這樣做收益很大，而代價卻

很小，充其量只占汙染結果的一部分，甚至完全沒有代價。在這種情況下，就沒有充分的理由讓汙染者停止排放汙染。在這些案例中，限制公共資源使用速度的反饋迴路力量都很弱。

如果你認為上述解釋很難理解，那麼就問一問自己：你是否願意為了減少空氣汙染而少開一天車？你是否願意自己動手處理自己生產的垃圾？這一系統的結構，使得對整個社區和未來更負責任的行為對自己好處不大且成本高昂，反而不如自私行為更為便捷且有利。

·系統思考訣竅·

「公共資源的悲劇」之所以產生，一個重要原因是資源的消耗與資源的使用者數量成長之間的反饋缺失，或者時間延遲太長。

防止「公共資源的悲劇」有以下三種方式：

方式一：教育、勸誡。幫助人們看到無節制地使用公共資源的後果，號召並激發人們的美德品行。勸說人們有所節制，以社會輿論譴責或嚴厲懲罰來威嚇違規者。

方式二：將公共資源私有化。將公共資源分割給個人，每個人都要對自己行為的結果負責。如果某些人缺乏自制力，對資源的使用超出其所擁有的資源的承載能力，他們也只能自食其果，傷害不到其他人。

方式三：對公共資源進行管制。哈丁將這種選擇稱為「達成共識，強制執行」。管制可以採取很多種形式，從對某些行為的嚴格禁止，到配額制、許可制、稅收調控以及鼓勵措施等。要想奏效，管制必須有強制性的監管和懲罰措施。

上面所講的第一種解決方式試圖透過道德壓力，使參與者對共同資源的使用低於承載限度，從而保護資源免遭耗竭之虞；第二種方式

（私有化）目的在於，在資源的狀況以及其使用之間，建立起直接的反饋連結，讓同一個行動者對其行動的後果承擔責任，不管是盈利，還是虧損，資源的占有者仍然可以過度使用資源，但他將為自己的無知或非理性而埋單；第三種方式（管制）透過監管者及使用者的互動，在行動和資源的狀況之間建立間接的連結，為使這個反饋起作用，監管者必須有能力實施監管，並可以準確地把握公共資源的狀況，同時也要有有效的威懾措施，並真心願意維護整個社區的福利。

在一些「原始」文化中，人們藉由教育和勸誡，世世代代有效地管理著公共資源。然而，哈丁並不相信這種方法總是有效。如果公共資源只靠傳統或「信用」系統保護，反而有可能讓那些不尊重傳統、不按常理出牌或不講信用的人鑽漏洞、占便宜，從而遭到破壞。

相對於教育與勸誡，私有化的方案更為有效。但是，很多資源不能簡單地被分割、私有，例如大氣和海洋，這只剩下一種選擇，那就是「達成共識，強制執行」。

其實，在生活中到處都存在「達成共識，強制執行」的安排，大多數規則是如此常見，以至於人們往往習以為常、視而不見。每一種這樣的安排既保護人們使用資源的自由，又同時限制人們無節制地使用公共資源。例如：

- 在繁忙的十字路口，以交通號誌對公共道路空間的使用進行管制。每個人都要遵守交通規則，不能隨心所欲地穿越馬路。然而，當綠燈亮起，輪到你通過時，你可以更安全、更順暢地通行。如果沒有交通號誌，每個人都隨心所欲，反而會更顯混亂。
- 在鬧區，使用計時收費設備來限制大家對於公共停車位的

使用，不僅要收費，而且會限制你佔用停車位的時間。你不能隨處停車或想停多久就停多久，在這些方面你沒有自由，但是，正是由於計時收費設備的問世，因此當你有需要時，才有更高的概率來找到停車位。

· 對於銀行裡的錢，你不能隨心所欲地「自助」服務，不管這對你來說多麼划算。必要的保安設備和機制，例如保險櫃、安全門、保安等，能夠防止你把銀行當做公共資源。相應地，你存放在銀行裡的錢也受到保護。

· 你不能隨意佔用某些特定波長的波段，因為它們被用於電臺和電視臺的廣播。要想建立電臺進行廣播，你必須得到相關監管部門的許可。如果不對此類行為加以限制，電波信號將彼此覆蓋，變得混亂不堪。

· 很多城市裡的垃圾處理系統運行成本高昂，千家萬戶不得不按照其生產的垃圾數量繳納相應的垃圾處理費。這是把以前免費使用的公共資源，轉變為按使用量收費的監管系統。

　　你可能已經發現，在上述這些案例中，「達成共識，強制執行」的機制有很多種不同的表現形式：交通號誌按照輪流放行的規則，讓大家依次使用公共資源；車位計時收費設備採取的是按使用時間收費的規則；銀行使用的則是物理的屏障加上嚴厲的懲罰；無線電廣播頻率的使用則需要向政府部門申請、得到審批；而垃圾處理收費的方法則改為單個家庭對公共資源的使用及其影響後果之間的連結，讓每個家庭直接從經濟利益上得到收穫。

　　大多數人在大多數時候都會遵守這些管制系統，只要大家能夠達

成共識，並且理解其目的。但是，所有管制系統都必須使用強制監管與治安權，對不合作者進行懲罰。

常見的八大系統與對策

2. 公共資源的悲劇（Tragedy of the Commons）

陷阱：當存在一種公共資源時，每個使用者都可以從這種資源的使用中直接獲利，用得愈多，收益也愈大，但是過度使用的成本卻需由所有人來分擔。因此，資源的整體狀況和單個參與者對資源的使用之間的反饋關聯非常弱，結果導致資源的過度使用及耗竭，最終每個人都沒有資源可用。

對策：對使用者進行教育和勸誡，讓他們理解濫用資源的後果。同時，也可以恢復或增強資源的狀況及其使用之間的弱反饋連接，有兩類做法：一是將資源私有化，讓每個使用者都可以直接感受到對自己那一份資源濫用的後果；二是對於那些無法分割和私有化的資源，則要對所有使用者進行監管。

3.目標侵蝕

在這一次經濟衰退中，英國人發現，經濟就像一台安裝下行指令的發動機。這一全國性的災難，現在更被視為進一步衰退的預兆。星期日的《獨立報》（*Independent*）在頭版發表一篇文章指出：「我們有一種不祥的預感，溫莎失火就是整個國家的寫照，它的根源在於國家的新政策失當。」

工黨的貿易與工業發言人羅德・派斯頓（Lord Peston）堅稱，「我們知道我們應該做什麼，但由於某些原因，我們現在無法去做。」

政治家、企業家和經濟學家們將原因歸咎於，政府未能給青年人提供合格的教育，從而導致勞動者和經理人的技能普遍不足，投資萎縮，經濟政策不當。

——埃裡克・伊普森（Erik Ipsen），《國際先驅論壇報》，1992年[7]

一些系統不只是對試圖改變它的政策措施具有阻力，竭力維持在一個大家誰都不願樂見的不良狀態，更糟糕的是，它們還在持續惡化。這是一種被稱為「目標侵蝕」（drift to low performance）[①]的基模。這類例子包括企業的市占率逐漸下滑；醫院的服務品質不斷下降；河水或空氣品質持續惡化；雖然持續節食但體重依然在飆升；美國公立學校的狀況日漸衰落；也包括我一度堅持的慢跑也愈來愈懈怠。

譯注：

① 原文drift to low performance的另一種說法是eroding goals，原意是績效表現節節下滑，日漸惡化，如同走下坡路，愈來愈差。因為在《第五項修練》等書中普遍採用「目標侵蝕」的譯法，為避免讀者產生困惑，本書也譯為「目標侵蝕」。

　　通常，反饋迴路中的主體（如上述例子中提到的英國政府、企業、醫院、體重超標的人，校長以及慢跑者等）會有一個績效目標，或期望的系統狀態。如果系統的實際狀態與目標或期望相比存在差距，主體就會採取行動。因此，這是一個常見的調節迴路，應該會使績效表現達到並保持在期望的水準上。

　　但是，在這些系統中，主體感知到的系統狀態與系統的實際狀態並不相同。**一般而言，主體對壞消息更加敏感，傾向於更加關注並相信壞消息，而非好消息。**當實際績效有變化時，最好的結果會被當成偏差而忽略，卻牢記最壞的結果。如此一來，主體感知到的狀況會比實際狀況更為糟糕一些。

　　在這個系統基模中，還有一個重要特點：**期望的系統狀態會受到感知到的狀態的影響。**也就是說，標準並不是絕對的。當感知到的績效水準下滑，目標也可以相應地下調。因此，你可能經常在生活中聽到這樣的話：「好吧，看來我們只能如此。」「唉，我們至少不能比去年做得更差吧。」「唉，看看我們身邊，每個人都麻煩不斷」。

　　按照調節迴路的作用，應該使系統狀態維持在一個可接受的水準上，但是它卻被一個具有向下趨勢的增強迴路所掩蓋。也就是說，**感知到的系統狀態愈差，期望就愈低；期望愈低，與現狀的差距就愈小，從而採取更少的修正行為；而修正行為愈少，系統的狀態也就愈差。**如果任由這一迴路運轉下去，將導致系統的績效不斷降低。

　　這個系統陷阱也被稱為「溫水煮青蛙效應」（boiled frog syndrome）。它源自一個古老的寓言故事，說的是如果把一隻青蛙突然放到熱水中，它會立刻跳出來，但是，如果把它放到冷水中，但逐漸加溫，青蛙就會舒服地待在原地不動，直到被煮死。也許青蛙會想：「這裡好像變得有點熱。但是和剛才相比，也不是那麼熱，沒有

什麼大不了的吧。」

　　由此可知，**目標侵蝕是一個漸進的過程**。如果系統狀態快速改變，通常會引發明顯的修正過程。但是，如果系統狀態是逐步下降的，變化速度非常緩慢，不容易引起人們的注意，或使參與者產生麻痺心理，忘記系統之前一直保持的良好狀態，每個人都似乎不知不覺、順理成章地將期望值愈降愈低，努力愈來愈少，實際的績效表現也就愈來愈差。

　　對於目標侵蝕，有兩個對策：一是不管績效如何，都要保持一個絕對的標準；二是不斷地將目標與過去的最佳標準相對照，而不是和最差的表現相比。如果感知到的績效比較樂觀，而不是相對悲觀，或者將最佳結果當成標準，而視最差結果為臨時性的挫折，那麼同樣的系統結構就能把系統狀態拉向愈來愈好的績效。下行的增強迴路，即「破罐子再度摔破」的惡性迴圈，將逐漸轉為一個向上的增強迴路，「事情愈好，我就愈努力工作，把事情做得更好」。

　　如果我能把這一教訓應用於我的慢跑，說不定到現在我都可以跑馬拉松。

常見的八大系統陷阱與對策

3. 目標侵蝕（Drift to Low Performance）

陷阱：績效標準受過去績效的影響，尤其是當人們對過去的績效評價偏負面，也就是過於關注壞消息時，將啟動一個惡性迴圈，使得目標和系統的績效水準不斷下滑。

對策：保持一個絕對的績效標準。更好的狀況是，將績效標準設定為過去的最佳水準，從而不斷提高自己的目標，並以此激勵自己，追求更高的績效。系統結構沒有變化，但由於運轉方向不同，便能成為一個良性迴圈，做得愈來愈好。

4.競爭升級

　　星期天，伊斯蘭激進份子綁架一名以色列士兵，並威脅
殺死這名士兵，除非以色列軍隊迅速釋放被囚禁的加沙地區
主要穆斯林派別創始人。這次綁架，引發一波激烈的暴力衝
突（中略）。三名巴勒斯坦人受槍傷，一名以色列士兵在巡
邏途中被一輛經過的車輛襲擊致死。除此之外，加沙地區摩
擦不斷，示威者向以色列軍警拋擲石塊，而以色列士兵則向
示威者開槍，發射橡皮子彈，至少導致20人受傷。

　　　　──克萊德‧哈伯曼（Clyde Haberman），《國際先驅論壇報》，1992年[8]

　　在本書前面的部分，我已提過一個競爭升級[②]的例子，就是小孩子
打架的系統。你打我一拳，我就踢你一腳；你用一份力氣，我就還你
兩份。很快地，兩個人就會打得不可開交。

　　「以眼還眼，以牙還牙「是導致競爭升級局面出現的決策規則。
**競爭升級源自於一個增強迴路，相互競爭的參與者都試圖超越對方，
占據上風。**系統中參與各方的目標都不是絕對的（像是把室內的溫度
設定為攝氏18度）而是相對的，取決於系統中其他參與者的狀況。也
就是說，不管室內溫度是多少，我都要比另外一個房間的溫度高一
度。

　　就像其他系統陷阱一樣，競爭升級也不一定就是一件壞事。如果

譯注：

② 原文為escalation，原意是逐步升級、擴大或加劇，《第五項修練》書中譯為「惡性競
　爭」。但是，正如作者所講，這一基模並非總是「惡性」的或破壞性的，如果競爭的
　雙方爭奪的是一些符合人們預期的目標，它也可能引發好的結果。所以，我們在本書
　中將其譯為「競爭升級」。

大家競相爭奪的是一些符合人們預期的目標，例如研發出速度更快的電腦、治療愛滋病的方法等，它就能加速整個系統的進步。但是，如果它驅動的是惡性對抗、暴力、爭吵、噪音或憤怒，它就真的是一個很危險的陷阱。競爭升級最常見而可怕的例子是軍備競賽、地區或種族之間不可調和的矛盾與衝突，經常釀成暴力事件。

　　每一個參與者期望的系統狀態都是相對於其他參與者而言的，並試圖超越對方，領先一步，連並駕齊驅都不行；而且每個參與者都有高估對方的敵意、誇大對方實力的傾向。

　　　　在冷戰時期，美國和蘇聯競相誇大對方的武器裝備實力，使自己不斷發展更多的軍備。一方每增加一件武器，都會導致另一方的緊張，並試圖超過對方。雖然每一方都指責對方進行軍備競賽，但從系統的角度看，正是他們自己使得對抗不斷升級。自己生產的武器觸發「骨牌效應」，使得自己未來需要生產出更多的武器。這一系統耗費數十億美元，拖累兩個超級大國的經濟，生產令人難以想像的大規模殺傷性武器，對世界安全構成巨大威脅。

　　競爭升級另一個常見的例子是，競選中的負面宣傳。為了取勝，一名候選人誹謗對手，對手就會反擊，「以牙還牙，以眼還眼」，如此發展下去，每個競選人都顯得幾乎一無是處、體無完膚，讓選民無所適從，也延緩民主發展的進程。

　　此外，**常見的例子還包括價格戰**，一方為了戰勝競爭者而報價偏低，另外一方就會出更低的價格，引發連鎖反應，如此發展下去，每一方都會遭受損失，但沒有任何一方願意認輸、讓步。最終的結果，

可能導致一方的破產或兩敗俱傷。

　　為了吸引消費者的注意力，相互競爭的兩家公司在打廣告時也會競相出招，導致競爭升級。

　　　　例如，一家公司的招牌做得亮一些，推銷聲音大一些以更能吸引人；另外一家則會把招牌做得更大、更亮，推銷聲音更響、方式更炫。第一家公司只好想辦法再度超過對手。如此發展下去，廣告就變得怪招盡出、無孔不入、過分、吵鬧，讓消費者的感覺麻木，對每一則廣告資訊都沒留下什麼印象。

　　　　在雞尾酒會上，一個人大聲說話，就會導致其他人必須以更大的聲音交談，反過來又使得那個人必須以更響亮的聲音說話，如此迴圈，使得整個聚會吵鬧不堪；同樣地，相互競爭導致豪華車的車身不斷加長、搖滾樂團的惡俗程度不斷增加；諸如此類，不勝枚舉。

　　儘管有時候是破壞性的，競爭升級也可能是平靜、禮貌的，涉及效率、精妙、品質等。但是，即使競爭升級是朝著好的方向發展，也可能有問題，因為它不容易停下來。

　　　　例如，在醫療設備方面的不斷追求，使每一家醫院都競相引進更先進、功能更強大、昂貴的診斷設備，試圖勝過其他醫院，而最後的結果，卻使得醫療保健成本大大超出人們的承受限度，一些設備的功能也過於複雜、沒有實際價值；對道德品格的不斷追求，也可能導致裝腔作勢或假仁假義的

偽善；對藝術的不斷追求，導致建築風格從精美的巴洛克式發展到過分裝飾的洛可可式，再發展下去就成為「畫蛇添足」的低劣、媚俗之作；不斷追求對環境友善的生活方式，可能發展成為刻板、極端的清教徒主義。

由於競爭升級的系統結構是一個增強迴路，它是以指數級方式發展起來的，一旦超過某個限度，其使競爭激化的速度會超出絕大多數人的想像。如果不加制止或設法打破這一迴路，此一過程通常的結果是競爭的一方屈居下風，甚至是兩敗俱傷。

應對競爭升級陷阱的一種方式是，單方面裁軍，也就是一方主動地讓步，降低其系統狀態，從而引導競爭對手的狀態也隨之下降。但是，按照系統通常的邏輯或規則，這一選擇幾乎是不可想像的。但實際上，它確實奏效，只要一方真有這樣的決心，並且他沒有被競爭對手因其單方面的讓步而擊倒在地。

應對競爭升級系統的另一種更為優雅的方式是，談判達成裁軍協定。這是一種結構性的改變，是關係到系統設計的活動。它將引進一組新的平衡控制迴路，使競爭能夠被控制在一定程度內。例如，父母介入調解來制止孩子們的爭吵；針對廣告的大小、呈現方式等推出一些規定；在武裝衝突地區部署維和部隊等。對於競爭升級的系統，停戰協定通常不容易達成，對於參與各方來說，也從來不會是皆大歡喜，但是相對於深陷其中而言，停戰是更好的選擇。

常見的八大系統陷阱與對策

4. 競爭升級（Escalation）

陷阱：當系統中一個存量的狀態是取決於另外一個存量的狀態，並試圖超過對方時，就構成一個增強迴路，使得系統陷入競爭升級的陷阱，表現為軍備競賽、比較財富、口水仗、聲音或暴力升級等現象。由於競爭升級以指數級形式變化，它能以非常令人驚異的速度導致競爭激化。如果什麼也不做，這一迴圈也不可能一直發展下去，最後的結果將是一方被擊倒或兩敗俱傷。

對策：應對這一陷阱的最佳方式，是避免陷入這一結構之中。如果已經深陷其中，一方可以選擇單方面讓步，從而切斷增強迴路的運作；或者雙方進行協商，引入一些調節迴路，對競爭進行一些限制。

5.富者愈富：競爭排斥

> 　　最富有的那些人，在所有納稅者中只占1%的比例，在避
> 稅方面具有相當大的靈活性（中略）。他們可能現在已經拿
> 到獎金，而不計入下一年的收入（那時稅率水準會提高），
> 將股票期權變現（中略），並且想方設法將各種收入提前。
> 　　——塞爾維亞·納薩爾（Sylvia Nasar），《國際先驅論壇報》，1992年[9]

　　利用累積起來的財富、權力、特殊管道或內部資訊，可以創造出更多的財富、權力、管道以及資訊。這些都是另外一個被稱為「富者愈富」（Success to the Successful）的基模的例子。俗話說：「成者為王，敗者為寇」。在現實世界中，這一系統陷阱也比比皆是，競爭的贏家獲得有利條件，從而可以在未來獲得更大的發展。從結構上看，這是一個增強迴路，系統中的參與者會迅速被分化為兩類：贏家和輸家。前者的發展愈來愈好，後者則愈來愈差。

　　玩過「大富翁」遊戲的人都知道「富者愈富」的系統。遊戲一開始時，所有參與者都處於平等地位，當有人首先獲得財產，並在自家地盤上蓋起「旅館」之後，就能從其他參與者身上獲取「租金」，這樣他們就可以有錢買更多的旅館。就這樣，你有更多的旅館，就可以得到更多的旅館。最後，當一個參與者購買所有的物件，或者其他參與者受挫而退出時，遊戲就宣告結束。

> 　　在耶誕節期間，每家都會在自家門外掛上精美的燈飾。
> 如果有一年這個街區進行一次燈飾評比，某一家因為其燈飾
> 最美麗而獲得100美元的獎勵，第二年這一家很可能會在燈飾

方面多支出100美元，從而使他家的燈飾更為漂亮；當這一家連續三年贏得勝利，他們家的燈飾每一年都比上一年更為炫麗時，比賽很可能就會終止。

正如《聖經》所講：「凡有的，還要給他，使他富足。」贏家贏得的愈多，他所擁有的就愈多，未來就有愈大的可能獲勝。如果這種競賽發生在一個有限的環境中，比如贏家得到的都是從輸家那裡攫取的，那麼輸家逐漸就會破產、被迫離開或餓死。

在生態學領域，富者愈富是一個普遍存在、廣為人知的概念，也被稱為「競爭排斥法則」（competitive exclusion principle）。

按照這一法則，爭奪完全相同的資源的兩個不同物種，不能共生於同一個生態小生境之中。因為這兩個物種是不同的，為了生存，每一種都需要繁殖得更快，或者比對方更有效地使用資源。如果能做到這一點，一方將占有更多的資源，而這將使其繁殖得更多，並持續保持優勢地位。逐漸地，它將徹底主導這一小生境（ecological niche），並將落敗的一方完全驅離。然而，這通常不是藉由直接的對抗完成的，而是透過占用所有的資源，毫不留餘地給居於劣勢的競爭對手。

對於這一陷阱，馬克思（Karl Marx）也曾有所指涉，並以此抨擊資本主義經濟。兩家公司在同一個市場上競爭，與我們上面剛剛提到的兩個物種在同一個生態小生境中競爭的行為模式將完全一致。

如果某一家公司藉由各種手段，例如提高效率、恰當的投資或者更好的技術、甚至是行賄等，獲得些許的優勢，它就會獲得更多的收入，從而有更強的實力用於擴大再生產、新技術研發、做廣告或者更多地行賄等，這將啟動一個資本累積的增強迴路，從而使其生產能力與收入規模愈來愈大，與其他競爭對手的差距也愈來愈大。如果市場

是有限的，也沒有反壟斷法律阻止其不斷擴大，這家公司將占領全部市場。

　　一些人認為，蘇聯的解體動搖馬克思的理論，但是他對市場競爭的獨特分析並未遭到否定。在任何存在同質化競爭的市場中，都存在或曾經存在這樣的現象，**即從系統上看，市場競爭的本質是消除市場競爭。**正是由於存在富者愈富的增強迴路，美國眾多的汽車公司逐漸減少到三巨頭（由於存在反壟斷法，所以不是一家）；在美國大多數主要城市，每個城市現在只剩下一家新聞類的報紙；在每一個市場化的經濟體中，我們也可以發現，從長期來看，公司數量存在下降的趨勢，而公司的規模有擴大的趨勢。

　　富者愈富這一陷阱會持續加大貧富差距，從而使其具有很大的危害性。不僅富人會比窮人有更多的避稅方式，而且：

- 在大多數社會中，貧窮家庭的兒童失學無法接受教育，或勉強到最差的學校接受品質不佳的教育。由於缺乏必要的勞動技能，他們只能從事一些簡單勞動，獲得很低的報酬，使他們難以脫貧[10]；
- 低收入人群和貧困家庭缺乏可抵押的資產，使其無法從大多數銀行貸到款。因此，他們要麼沒有資本投資、「以錢生錢」，要麼只能無奈之下藉由非法管道借高利貸，即使貸款利息是合理的，也是窮人支付利息，富人從眾多窮人那裡吸取利息；
- 在世界上很多國家或地區，土地都不是平均分配和擁有的。大多數農場主都是租用他人土地的佃農。他們必須把部分收成交給土地的擁有者，才能獲得在那片土地上耕作的許可。佃農永遠買不起土地，但是，地主可以用從佃農

那裡收取的租金購買更多的土地。

　　這些只是眾多反饋機制中的少數幾種，它們使得收入、資產、教育和機會等分配持續失衡且不斷加劇。窮人們只能買得起很少一部分資源（如食物、燃料、種子、肥料等），而且還得付出最高的價格，因為他們經常是無組織而且缺乏話語權的一群人，政府也只用很少的精力關注他們的需求。新的創意和技術往往最後才光顧他們，而疾病和汙染卻最先影響他們；他們要去做各種危險、低報酬的工作，除此之外別無選擇；他們的孩子生活在擁擠不堪、疾病的惡劣環境中，卻無法接種疫苗、接受教育。

　　我們如何規避富者愈富的陷阱呢？

　　第一種方式是，多元化。一些物種和公司有時會採用這一策略，以規避互斥性競爭。一個物種藉由學習或進化，開發新的資源；一家公司也可能創造出一種新的產品或服務，不與現有競爭對手直接抗衡。儘管生態小生境和市場會呈現壟斷的趨勢，但他們也能衍生出多樣化的分支，產生新的物種、新的市場等。一段時間之後，新的小生境或市場又會吸引競爭者，再次使系統邁向互斥性競爭的態勢。

　　因此，多樣化也不能保證可以規避富者愈富的陷阱，尤其是當占據壟斷地位的公司（或物種）有力量摧毀所有的衍生物，或者把他們買下來，或者剝奪他們賴以維持生存的資源。所以，多樣化不能當成窮人的一個策略。

　　另一種方式是，透過植入一個反饋迴路，避免任何一個競爭者完全控制，使富者愈富的反饋迴路處於可控的狀態。這就是「反壟斷法」理論上應起的作用，當然在實踐中有些也能部分地起到類似作用。然而，一些非常龐大的公司可以動用各種資源，減弱反壟斷法的

管制。

　　規避「富者愈富」基模最明顯的方式是，藉由設定遊戲規則或機制，定期「校正」競技場，防止一家獨大。在傳統社會和遊戲中，設計者們本能地在系統中設置一些平衡或牽制各自優勢的方式，使得遊戲可以保持公平和有趣。例如，「大富翁」遊戲一開始，每個參與者都是公平的，這樣使大家都有機會贏，不管你之前的戰績如何；很多運動對於弱勢參與者提供一些額外支援；很多傳統社會中也有一些本土化的儀式，類似於北美地區印第安人的「冬節」[③]，富人拿出他們的很大一部分財產分送給窮人。

　　有很多機制可以打破富者愈富、貧者愈貧的迴圈，例如，在稅法中規定對富人課徵更多的稅或從社會慈善、公共福利、工會、義務教育和醫療保健，以及徵收遺產稅等層面著手。在大多數工業社會中，都有一系列此類措施的組合，應對富者愈富的陷阱，以保證社會公平；而在一些傳統社會中，藉由類似「冬節」或其他施捨、饋贈的方式，實現社會財富的再分配，從而鞏固饋贈者的社會地位。

　　這些均衡機制可能源自基本的道德，也可能來自實踐中對富者愈富循環後果的理解，比如失敗者可能因為破產、徹底失望而「揭竿而起」，造成破壞性的結局。

譯注：
③ 冬節（potlatch）是北美地區印第安人冬季的一個節日，富人會拿出自己的財產或禮物饋贈給他人，也被稱為「散財宴」。

常見的八大陷阱與對策

5.富者愈富（Success to the Successful）

陷阱： 如果在系統中，競爭中的贏家會持續地強化其進一步獲勝的手段，這就形成一個增強迴路。如果這一迴路不受限制地運轉下去，贏家最終會通吃，輸家則被消滅。

對策： 多元化，即允許在競爭中落敗的一方可以退出，開啟另外一場新的賽局；反壟斷法，即嚴格限制贏家的最大占比；修正競賽規則，限制最強的一些參與者的優勢，或對處於劣勢的參與者給予一些特別關照，增強他們的競爭力（例如施捨、饋贈、稅賦調節、轉移支付等）；對獲勝者給予多樣化的獎勵，避免他們在下一輪競爭中爭奪同一有限的資源，或產生偏差。

6. 轉嫁負擔：上癮

你們可能也感覺到，我們現在正處在一個驚人的螺旋式下降的通道之中。因為很多成本被不斷地轉嫁到工商企業身上，他們的負擔不斷加劇，使得更多的工商企業主無力給其雇員繳納保險（中略）。現在，每個月全美大約有10萬人正在失去健康保險。

他們之中，很多人都符合聯邦醫療補助計畫的受益條件。但是，由於聯邦政府的赤字，他們都被排除在政府救濟之外，要麼教育水準下降，要麼無力支付撫養孩子的開支、從事其他投資，或者沒有餘錢繳納稅款。

——比爾‧柯林頓（Bill Clinton），《國際先驅論壇報》，1992年[11]

據說，如果你想使一位索馬利亞人發怒，只要拿走他的阿拉伯茶就行了（中略）。阿拉伯茶是由一種常綠灌木新鮮的嫩枝和葉芽製成的，在藥理學上，它和安非他命有關。

22歲的法拉‧穆罕默德‧艾哈邁迪（Abdukadr Mahmoud Farah），說他從15歲時就開始飲茶（中略）「原因是它能讓我不去想當前的狀況。當我喝茶時，我很快樂。我好像能做任何事情，我也不會感到疲倦。」

——基斯‧里奇伯格（Keith B. Richburg），《國際先驅論壇報》，1992年[12]

大多數人都能理解個人上癮的狀況，包括酒精、尼古丁、咖啡因、糖和海洛因等，但並非每個人都知道，在一些大型系統中也存在上癮症狀，並有各種不同的表現形式。例如，一些企業或行業對政府

補貼的依賴，農民種地對肥料的依賴、西方國家經濟體系對廉價石油的依賴、或者軍火製造商對政府合約的依賴等。

這一陷阱有很多名稱，包括上癮、依賴性、將負擔轉嫁給干預者④等。該系統的結構包括一個存量以及相關的流入量和流出量。這一存量可能是物理存在的，如農作物產量，也有可能是形而上的，如幸福的感覺、自信等。同時，這一存量由一個參與者進行調節。該參與者有一個預設的目標，藉由將其感知到的該存量的實際狀態與預設目標相對照，決定要採取的行動。**本質上是一個調節迴路，要麼改變流入量，不然就要調節流出量。**

舉例來說，你是一位青年，生活在一個饑荒與戰火不斷的國度，你的目標是提高自己的幸福感，以使你感到高興、精力充沛、無所畏懼。與現實相比，你期望的狀況和實際狀況存在巨大差距，同時你也幾乎沒有什麼辦法可以縮小這一差距。但是，你可以做的一件事是：吸毒。毒品對於改變你的真實狀況沒有任何幫助。事實上，它很可能使你的狀況變得更為糟糕。但是，毒品有助於改變你對現狀的感知，而且速度很快，它會麻痺你的感官，使你產生幻覺，讓自己感覺亢奮和勇敢。在這種情況下，你會怎麼辦？

同樣地，假如你經營著一家業績不佳的公司，要想改變公司的經營狀況，費時費力而且實屬不易；但是，你有辦法獲得政府的補貼，這樣你就可以使公司營運下去，並維持自己體面的社會地位。或者，你是一位農夫，想提高農作物的產量，但土地很貧瘠，而要想改善土

譯注：

④ 原文 Shifting the Burden to the Intervenor，直譯為「將負擔轉嫁給干預者」，對於干預者來說，本來可能是好心，想幫忙，但是卻「惹火燒身」，愈陷愈深，難以自拔；對於被幫助者來說，產生依賴性，愈來愈需要干預者的說明或介入。在《第五項修練》等書中，這一基模被譯為「捨本逐末」或「飲鴆止渴」（二者在本質上是一致的）。

壤的品質，需要花費很長時間；但是，你可以大量施化肥，使農作物長得更壯，當季的收成會不錯。你會怎麼辦？

顯然地，很多人都會選擇那些簡便、容易，而且可以快速見效的干預措施。但是，這樣做的後果也是可以預料的。你透過類似的干預措施創造的系統狀態不會持久：幻象終會消失，你的生活環境依然嚴酷；政府補貼也會用完，你的公司依舊沒有市場競爭力；化肥會被農作物吸收或耗損，而土地依然貧瘠（甚至更貧瘠）。

我們周圍類似上癮、依賴或轉嫁負擔的範例還包括：

- 以前養老是由家庭承擔，對於一些家庭來說，負擔很重。於是，人們開始建設社會保障體系、老人社區和養老院。現在，大多數家庭不再有時間、空間、技巧或意願照顧老人。
- 過去，長途運輸主要藉由鐵路，短途通勤依靠地鐵和公共汽車；政府透過建設高速公路之後，情況終於獲得改變。
- 以前，小孩子們都能進行心算或借助紙和筆進行計算，但隨著計算機的普及，孩子們的計算能力大大下降。
- 人體能夠藉由自身的免疫系統，對一些疾病（如天花、肺結核和瘧疾等）產生抗體，但是隨著預防接種和抗生素等藥物的使用，人體自身的免疫能力不斷下降。
- 由於現代醫療技術和藥物的發展，基本上改變人們的主動保健意識和對健康生活方式的重視，而是把這種責任轉嫁給醫生和藥物。

將負擔轉嫁給干預者有可能是一件好事情。有時候，人們也會有

意而為之，因為會提高系統保持在期望狀態的能力。例如，藉由接種天花疫苗，可以完全實現對天花病毒的免疫；如果不這樣做，很可能造成天花病毒的感染和流行。雖然這樣做，部分人也能憑藉自身免疫能力而存活，但毫無疑問，前者好於後者。因此，有些系統可能真的需要一個干預者。

但是，干預也可能變成系統陷阱。如果系統內部的自我修正反饋機制不足以維持系統的狀態，此時，一位善意的、有能力的外部人員，看到系統中的糾結，挺身而出，承擔部分工作量。很快地，他就能幫助系統恢復到大家都希望的狀態。於是，大家都來感謝或祝賀，干預者自己通常也會沾沾自喜。

緊接著，原來的問題再度出現，因為干預者只是承擔部分工作，而並未採取任何措施消除問題的產生根源。於是，當干預者再次採用類似方案掩飾問題時，期望的系統表象再次出現，但這只是假象。在表象之下，問題的根源仍未被觸及。這使得干預者需要更多地應用最初「介入」的方案。

如果這種干預削弱系統原本維持其自身狀態的能力，不論干預者是由於主動破壞造成的，還是無意忽略，就形成陷阱。一旦系統的自我調節能力萎縮，就需要更多的外部干預措施，才能達到期望的效果。這進一步削弱系統自身的能力，如此循環。

為什麼每個人都會跌入陷阱？首先，干預者可能無法預見最初看起來迫切需要的少量介入措施，將啟動一連串連鎖反應，使自己愈陷愈深。**隨著系統對干預者的依賴日益增加，最終會耗盡干預者的能力。**美國醫療保健系統正是在經歷這樣一系列事件之後，苦苦掙扎，急需改革。

其次，善意提供幫助的個人或團隊（干預者），可能沒有想到長

期失控的可能性，以及系統能力將隨著將負擔轉嫁給強有力的干預者而日益弱化。

　　如果干預措施是藥物，就將變成藥物上癮。一旦陷入某項上癮行為，你就會愈陷愈深。美國的「匿名戒酒協會」（Alcoholics Anonymous）對「上癮」的定義之一，就是一再重複同一種愚蠢的行為，試圖得到某些不同的結果。

　　在解決問題時，也容易產生「上癮」的狀況。這通常指的是針對問題的**症狀**，尋找快速見效但不大徹底的解決方案，這妨礙或轉移、延遲人們花費更大的精力、採取更長期的措施解決真正的問題。讓人上癮的政策是陰險的，因為它們很好「兜售」，也很簡單，容易讓人上當。

　　舉例來說，蟲害威脅農作物的生長，怎麼辦？與其系統地審視並控制耕種方式、單一作物栽培模式、自然生態系統破壞等導致蟲害爆發的諸多因素，不如噴灑殺蟲劑簡單快捷。雖然這樣能快速消滅害蟲，但也導致生態系統的更大破壞。這將導致未來更大規模的蟲害爆發，必須需要使用更多的殺蟲劑。

　　　再舉個例子：油價上漲，怎麼辦？與其承認石油這樣的不可再生資源最終將枯竭、耗盡，想方設法提高燃油的利用率，或轉向其他能源，不如**控制價格**。在1970年代世界石油危機爆發時，面對油價的暴漲，美國和蘇聯的第一反應都是試圖控制石油價格。在這種情況下，我們可以假裝什麼事情也沒有發生，繼續使用石油，而這只能使資源枯竭的問題更加嚴重。當這一政策不再奏效時，就會爆發石油戰爭，或者發現更多的石油。就像喝醉的人在屋子裡到處搜尋，試圖再

找到另外一瓶酒一樣，我們也在到處汙染海洋、侵入最後的
未開發的處女地，只為尋找到另外一塊大油田。

打破上癮結構是痛苦的。這可能是戒除海洛因所產生的肉體上的
痛苦，也可能是因減少石油消費導致物價上漲所引發的經濟上的陣
痛，或蟲害的後果以及由此帶來的天然捕食者數量的恢復。

戒除意味著拒絕採用那些快速見效但有明顯副作用的措施，從根
本上面對系統的真實狀態（通常是逐漸惡化的），並採取那些能徹底
解決問題的根本措施⑤。有時候，如果一步到位的話，可能產生劇烈的
陣痛（因為對於人們來說，問題的症狀本身也是棘手的）。因此，在
有條件的情況下，戒除可以逐步完成。

首先，採用一種非上癮政策，以最小的擾動使系統得以休養生息，
恢復原有的自我調適能力。例如，針對藥物上癮者，提供團體支援，並
且進行家庭隔離，以恢復其自我認知；提高汽車的單位使用成本，以降
低對石油的消耗；採用混養或農作物輪作的方式，以減少農作物對蟲害
的脆弱性。然而，有時候可能沒有逐步戒除上癮的辦法，只能採取「休
克療法」，也就是快速戒掉壞習慣，但必須承受相應的痛苦。

·系統思考訣竅·

戒除上癮，回到非上癮的狀態固然是值得肯定的，但更理想
的狀況是：防患未然，防止上癮。

譯注：
⑤ 通常這些針對問題症狀、可以快速見效但「治標不治本」的解決問題方案，被稱為
「症狀解」；能從根本上徹底解決問題的方案，被稱為「根本解」。

　　要想防止陷入上癮的狀態，需要以適當的方式干預，即**增強系統自身應對負擔的能力**。「幫助系統改進自身」這一觀點，可能比接管並運作系統成本更低，也更容易，但一些自由派政治家卻似乎無法理解。**祕訣在於，不要以英雄式的接管開始，而是從提出一系列問題開始。**這些問題包括：

- 為什麼自然的糾正機制不奏效呢？
- 如何移除影響成功的各種障礙？
- 如何讓推動成功的各種機制更為有效？

常見的八大系統陷阱與對策

6. 轉嫁負擔（Shifting the Burden to the Intervenor）

陷阱：當面對一個系統性問題時，如果採用的解決方案根本無助於解決潛在的根本問題，只是緩解（或掩飾）問題的症狀時，就會產生轉嫁負擔、依賴性和上癮的狀況。不管是麻痺個人感官的物質，還是把潛在麻煩隱藏起來的政策，人們選擇的干預行動都不能解決真正的問題。

　　如果選擇並實施的干預措施，導致系統原本的自我調適能力萎縮或受到侵蝕，就會引發一個破壞性的增強迴路。系統自我調適能力愈差，就需要愈多的干預措施；而這會使得系統的自我調適變得更差，必須更依賴外部干預者。

對策：應對這一陷阱最好的辦法是提前預防，防止跌入陷阱。切記，如果只是緩解症狀或掩飾信號的政策或做法，都不能真正解決問題。要將關注點從短期的救濟轉移到長期的結構重建。

　　如果你是干預者，要想辦法恢復或增強系統自身解決問題的能力，然後自己擇機抽身退出。在需要干預時，以這樣的方式實施干預，是最睿智的。

　　如果你是患有依賴症的人，在擺脫干預措施之前，要以建立自己系統內在的能力為基礎。如果已經處於上癮結構之中，要馬上行動。你拖得愈久，戒除的過程就愈長、愈艱難。

7.規避規則

喀爾文（Calvin）：霍布斯，我有一個計畫。

霍布斯（Hobbes）：是嗎？

喀爾文：如果我從現在到耶誕節，每天自動自發做十件好事，聖誕老人將會仁慈地對待我。我的人生將從此揭開新的一頁。

霍布斯：好的，這是你的機會。蘇西正朝這裡走過來。

喀爾文：那我從明天開始好了，每天做二十件好事！

——《國際先驅論壇報》，1992年[13]

只要哪裡存在規則，哪裡就存在「規避規則」（rule beating）的可能。**規避規則意味著，採取一些迂迴或變通措施，雖然在名義上遵守或不違反規則的條文要求，但在本質上規避系統規則的原本意圖。**如果規避規則的行為導致系統產生嚴重的扭曲或不自然的行為，就是一個需要警惕的問題：**一旦失去控制，系統將會具有強大的破壞性。**

一些扭曲自然界、經濟體系、組織和人性的規避規則行為，可能是毀滅性的。以下是一些案例，有些很嚴重，有些稍微好一些：

- 一些政府部門、大學和公司經常在財政年度末突擊消費，產生一些無意義的支出。這是因為如果今年不把預算內的錢花完，明年就有可能會有一些預算遭到刪除；
- 在1970年代，美國佛蒙特州推出一項土地利用法案，被稱為《250法案》（Act 250）。該法案對面積為10英畝（約4萬平方公尺）及以下的住宅開發設置複雜的審核流程。現

在，佛蒙特州有非常多僅比10英畝大一點的住宅專案；

- 為了減少糧食進口、扶持本地種糧農民，在1960年代，一些歐洲國家設限飼料進口。在制定進口限制措施的過程中，沒有人想到木薯（富含澱粉的根狀作物），也是一種很好的動物飼料。因此，木薯並未被列入限制項目。所以，進口商以前是從美國進口玉米，而自那之後變成從亞洲進口木薯[14]。

- 按照《美國瀕危物種法案》（*The U.S. Endangered Species Act*）規定，禁止對瀕危物種棲息地進行商業開發。於是，一些土地擁有者在發現自己的土地上出現瀕危物種時，就有意地對其進行獵殺或投毒，以便自己的土地可以被開發。

　　請注意，「規避規則」並非違背規則，但只是遵守規則的「表象」。當附近有一輛警車時，司機會遵守限速規定；因為木薯沒有被列入穀物飼料的範疇，所以進口木薯不算是進口飼料；當領地內有瀕危物種時，可以在把它們殺死之後再開發。因此，這只是遵守「法律上的條文」，而不符合立法的本義或實質。規避規則的行為提示我們，需要從整個系統的角度，重新修訂法律，彌補自身存在的一些紕漏。

　　規避規則通常是下級對上級制定刻板的、有害的、不切實際或不明確的規則的反應。對於規避規則的行動，人們應對方式如下：

　　第一種方式是，**藉由強化規則與施力度，試圖撲滅、鎮壓規避規則的行動**。但是，這通常會激起系統更大的變形。以這種方式應對，將使人們在陷阱中愈陷愈深。

　　另一種方式是，**把規避規則看做有用的反饋，對規則進行修訂、改善、廢除，或給予更好的解釋。**這將是系統的機會之所在。更好地設計規則，意味著要盡可能預見到規則對各個子系統的影響，包括可能出現的各種規避規則行為，並調整系統結構，充分發揮系統自組織的能力，將其引導到符合系統整體福利的方向。

常見的八大系統陷阱與對策

7. 規避規則（Rule Beating）

陷阱：「上有政策，下有對策」。任何規則都可能會有漏洞或例外情況，因而也存在規避規則的機會。也就是說，雖然一些行為在表面上遵守或未違背規則，但實質上卻不符合規則的本意，甚至扭曲系統。

對策：設計或重新設計規則，從規避規則的行為中獲得創造性反饋，使其發揮積極的作用，實現規則的本來目的。

8.目標錯位

　　政府本週五正式承認經濟學家們幾個月來一直在談論的一則消息：日本未實現一年前設定的3.5%的經濟成長目標。

　　1993年國民生產毛額（GNP）成長率為3.5%，1990年是5.5%。自從本財政年度開始，經濟始終處於停滯或萎縮。

　　現在，已大幅下修經濟成長預測，來自政界和工商界的壓力很可能會迫使財政部採取經濟刺激措施。

　　　　　　　　　　　　　　　　——《國際先驅論壇報》，1992年[15]

　　我在本書第一章中曾說過，影響系統行為最有力的方式之一就是，調整它的目的或目標。這是因為，目標設定系統的方向，定義需要採取校正措施的差距，並指示著調節迴路運作的預期狀態以及成敗。**如果目標定義不當，不能測量應該被測量的事物，不能真實地反映系統的狀態，那麼系統就不可能產出期望的結果。**就像傳統神話故事中可以許的三個願望一樣，系統也有一個可怕的趨勢，即只會產出你要求它們產出的結果。所以，一定要慎重地對待系統的目標。

　　如果期望的系統狀態是國家安全，並將其定義為軍費開支數額，那麼系統的行為就是軍備競賽。這可能帶來國家安全，也可能不能。事實上，如果軍備開支過高，超出合理、必要的限度，或者侵蝕經濟建設投資，甚至可能削弱國家安全形勢。

　　如果期望的系統狀態是良好的教育，並以平均分攤到每位學生身上的教育經費為衡量標準，就能確保教育經費能用到每一位學生身上。如果以標準化的考試成績當成教育品質的衡量標準，就會產生提高考試成績的行為。當然，這些標準能否與良好的教育相互關聯，是

值得考慮的。

在印度推行家庭計劃生育的早期，該專案標準被定義為宮內避孕器放置的數量。於是，醫生們為了完成任務，往往未經病人同意就進行放環。

在這些案例中，結果往往與人們的初衷相悖，其中最常見的錯誤，就在於系統設計中定錯目標。也許在此類錯誤中，最為嚴重的就是以GNP當成衡量國家經濟成就的指標。GNP反映的是一國經濟當期生產的最終產品和服務的貨幣價值。從這一指標推出的那一刻起，對它的批評之聲就幾乎沒有中斷過：

> 國民生產毛額不能反映我們子女的健康、他們的教育品質以及幸福感。它也不包括詩歌藝術之美、婚姻關係的牢固、公開辯論的智慧，或者政府公務員的廉正。它既不能測量我們的聰明才智，也無法測量我們的勇氣、學習、同情心以及愛國之心。它只衡量當期的產出，而這與人生的意義毫無關係[16]。

> 國民經濟核算系統與國民經濟的真實狀況相去甚遠，因為它不記錄我們的家庭生活，只是表面的消費[17]。

此外，GNP也將好的和壞的混在一起。如果有更多的交通事故，就會產生更多的醫療帳單和維修費用，提高GNP。而且，它只計算被交易的產品和服務。如果每位為人父母者都雇人撫養他們的子女，GNP就會提高。它不反映分配的公平性。富人購置昂貴的第二間房屋，對GNP的貢獻要大於貧困家庭購買的廉價保障住房。它衡量的是成果而不是成就感，衡量的是產品和消費的總額而不是效率。一盞新的節能

燈，同樣的亮度只需耗費八分之一的電量，使用壽命也比傳統燈泡長10倍，而推廣它卻會拉低GNP。

GNP衡量的是**輸送量**，也就是每一年製造和購買的材料流量，而不是資本的存量，而房屋、汽車、電腦、身歷聲音響等才是真正的財富和喜悅的來源。可能有人會爭辯說，在最好的社會狀態下，資本的存量會藉由最低的流量來加以維持和利用，而不是最高的。

每個人都希望經濟繁榮昌盛，但並不是每個人都希望GNP不斷提高。然而，世界各國政府都將下滑的GNP視為經濟衰退的信號，並會採取各種行動以推動GNP的成長。其中很多行動純屬浪費，比如刺激一些無效率的、沒人想要的產品和服務的生產；另外一些甚至可能適得其反，帶來一些副作用，比如短期內為了刺激經濟發展而加速砍伐森林，往往會威脅到經濟、社會及環境的長期發展。

如果用GNP來定義社會的目標，社會就會盡全力創造GNP。除非你在目標中明確設定並定期衡量、報告有關福利、權益、正義或效率等指標，否則就無法產出它們。如果各個國家設定不同的目標，如致力於以最低的生產量實現最高的人均財富，或最低的嬰兒死亡率、最大的政治自由、最清潔的環境、最小的貧富差距等，而不是追求最高的GNP，那麼，世界將會有很大的不同。

與規避規則恰恰相反，追求錯誤的目標、陶醉於錯誤的指標是系統扭曲的另一個特徵。在規避規則的情況下，系統試圖逃避某個不受歡迎或設計不當的規則，儘管在表面上仍遵守這一規則；而對於追求錯誤的目標，系統忠實地遵守著規則，並產出特定的結果，但實際上這並非是每個人都真正需要的。如果你在某個地方發現，「因為這是

規則」而發生一些愚蠢的事情，你就面臨著追求錯誤目標的問題；如果你發現，「因為有辦法繞過規則」而發生一些愚蠢的事情，你就面臨著規避規則的問題。圍繞同一個規則，這兩種系統扭曲現象可以同時存在或發生。

常見的八大系統陷阱與對策

8. 目標錯位（Seeing the Wrong Goal）

陷阱： 系統行為對於反饋迴路的目標特別敏感。如果目標定義不準確或不完整，即使系統忠實地執行所有運作規則，其產出的結果卻不一定是人們真正想要的。

對策： 恰當地設定目標及指標，以反映系統真正的福利。一定要特別小心，不要將努力與結果混淆，否則系統將只產出特定的努力，而不是你期望的結果。

系統寓言：帆船設計的目標

過去，人們進行帆船比賽，不是為了贏取百萬美元大獎或國家榮譽，只是為了享受這項運動的快樂。

他們用自己已有的船隻來進行比賽，這些船都有其日常的用途，比如釣魚、貨物運輸或週末環遊。

但人們發現，如果比賽船隻能在速度和機動性上基本一致的話，比賽會更加有趣。於是改進規則，人們根據長度、受風面積以及其他一些參數，將船隻劃分為不同的等級，規定選手只能在同一級別進行比賽。

很快地，出現專門為比賽而設計的不同類別的帆船。這些船盡可能地提高每單位帆面的推進速度，減輕標準尺寸船舵的重量。這些船往往奇形怪狀、很難操控，根本不像是你想去海釣或週末出遊時駕駛的那一類帆船。隨著比賽變得更加嚴肅，規則也愈發苛刻，船隻設計也更加怪異。

現在，比賽的帆船都非常快速、高度靈活，但是幾乎不適合航海。它們需要專業的運動員和船員來管理。除了參賽，沒人會覺得那些美洲盃帆船賽上的賽艇有任何其他用處。圍繞現有規則，極度優化那些船隻，以至於失去所有適應力。只要規則發生任何一點變化，它們都將變成一堆廢物。

原文注

1. Paraphrased in an interview by Barry James, "Voltaire's Legacy: The Cult of the Systems Man," *International Herald Tribune*, December 16, 1992, p. 24.

2. John H. Cushman, Jr., "From Clinton, a Flyer on Corporate Jets?" *International Herald Tribune*, December 15, 1992, p. 11.

3. World Bank, *World Development Report 1984* (New York: Oxford University Press, 1984), 157; Petre Muresan and Ioan M. Copil, "Romania," in B. Berelson, ed., *Population Policy in Developed Countries* (New York: McGraw-Hill Book Company, 1974), 355-84.

4. Alva Myrdal, *Nation and Family* (Cambridge, MA: MIT Press, 1968). Original edition published New York: Harper & Brothers, 1941.

5. "Germans Lose Ground on Asylum Pact," *International Herald Tribune*, December 15, 1992, p. 5.

6. Garrett Hardin, "The Tragedy of the Commons," *Science* 162, no. 3859 (13 December 1968): 1243–48.

7. Erik Ipsen, "Britain on the Skids: A Malaise at the Top," *International Herald Tribune*, December 15, 1992, p. 1.

8. Clyde Haberman, "Israeli Soldier Kidnapped by Islamic Extremists," *International Herald Tribune*, December 14, 1992, p. 1.

9. Sylvia Nasar, "Clinton Tax Plan Meets Math," *International Herald Tribune*, December 14, 1992, p. 15.

10. See Jonathan Kozol, *Savage Inequalities: Children in America's Schools* (New York: Crown Publishers, 1991).

11. Quoted in Thomas L. Friedman, "Bill Clinton Live: Not Just a Talk Show," *International Herald Tribune*, December 16, 1992, p. 6.

12. Keith B. Richburg, "Addiction, Somali-Style, Worries Marines," *International Herald Tribune*, December 15, 1992, p. 2.

13. *Calvin and Hobbes* comic strip, *International Herald Tribune*, December 18, 1992, p. 22.

14. Wouter Tims, "Food, Agriculture, and Systems Analysis," *Options*, International Institute of Applied Systems Analysis Laxenburg, Austria no. 2 (1984), 16.

15. "Tokyo Cuts Outlook on Growth to 1.6%," *International Herald Tribune*, December 19-20, 1992, p. 11.

16. Robert F. Kennedy address, University of Kansas, Lawrence, Kansas, March 18, 1968. Available from the JFK Library On-Line, http://www.jfklibrary.org/ Historical+Resources/ Archives/Reference+Desk/Speeches/RFK/ RFKSpeech68Mar18UKansas.htm. Accessed 6/11/08.

17. Wendell Berry, *Home Economics* (San Francisco: North Point Press, 1987), 133.

第三部分

改變系統

第六章

系統的槓桿點
系統的十二大改革方式

IBM宣布增加裁員25,000人，並大幅壓縮研發開支，下一年的研發費用將減少10億美元。董事會主席約翰·阿克斯（John Akers）說，IBM在研發方面仍然是世界和行業的領導者，但還有改進的空間，尤其是「轉向成長的領域」（即服務業），這需要較少的資本，但從長期看利潤回報也不高。

——勞倫斯·瑪金（Lawrence Malkin），《國際先驅論壇報》，1992年[1]

在了解上述的系統機制之後，你可能會問：「我們如何改變系統的結構，以便產生更多我們所期望的結果，而且盡量減少我們並不期望的情況呢？」對此，麻省理工學院的福瑞斯特教授基於多年來對企業中系統性問題的深入研究告訴我們：一般管理者都能很準確地定義當前的問題，識別這些問題產生的系統結構，並基本能夠猜中到哪裡尋找「槓桿點」（leverage points）；也就是說，在系統中的某處施加一個小的變化，就能導致系統行為發生顯著的轉變。

「槓桿點」這一概念並非系統分析的獨創，而是根植於人們的日常生活與很多神話故事之中，如「銀彈」「命門」或特效療法、祕密通道、魔法口訣、扭轉歷史潮流的英雄、幾乎不費力氣地穿越或跨過巨大障礙的方法等。人們不僅願意相信槓桿點的存在，也很想知道它們到底在哪裡，以及如何運用它們。事實上，**槓桿點就是權柄**。

但是，福瑞斯特繼續指出，雖然身處系統之中的人們通常憑直覺判斷到哪裡尋找槓桿點，但多半是往**錯誤的方向**推動系統的變化。

在這方面最經典的例子，發生在我自己做世界模型系統分析時。應羅馬俱樂部（Club of Rome）[①]的邀請，福瑞斯特教授組織一個研究小組，目的是探究一些全球重大問題，如貧窮、饑荒、環境破壞、資源枯竭、都市退化以及失業等，是如何相互關聯以及發展演進的。**利用系統動力學的方法，福瑞斯特教授開發電腦模型，並找出明確的槓桿點，也就是成長**[2]。不只人口在成長，經濟也在成長。在帶來好處的

譯注：

① 羅馬俱樂部是由企業家、政治家和科學家組成的國際團體，在1970年代曾資助麻省理工學院的系統動力學小組，使用系統動力學方法和電腦類比技術，對世界人口和實體經濟成長的原因及後果進行研究。該項研究成果《成長的極限》（*Limits to Growth*）一書出版後，受到全球廣泛關注。

同時，成長也有成本，特別是一些我們無法計算的成本，包括貧窮、饑荒、環境破壞等。可以說，我們研究的清單上的所有問題，都與成長有關。而我們所需要的，是更慢一些的成長，是完全不同的成長模式，在有些情況下甚至是不成長或者負成長。

世界各國的領導人也都將經濟成長當成解決各種問題的答案，但是**他們盡全力推動，卻都是往錯誤的方向**。

福瑞斯特另外一部經典著作是於1969年出版的《城市動力學》（*Urban Dynamics*）。在該書中，福瑞斯特指出，低收入家庭住房補貼是一個槓桿點[3]。**補貼愈少，城市狀況愈好**（對於城市中的低收入人群也是如此）。這一模型推出時，正值美國大規模推行低收入家庭住房補貼政策。福瑞斯特的觀點在當時受到很多人的批評和嘲笑。但從那之後，很多推行此一政策的城市一個個沒落。

拿福瑞斯特的話來說，複雜系統的特徵之一是「**違反直覺**」，而尋找和撬動槓桿點也通常不能靠直覺。即便是直覺的，我們也經常選錯方向，結果將試圖解決的問題弄得更糟。

在我看來，對於動態、複雜的系統而言，要想找到槓桿點，沒有快速或簡單的公式，如果給我幾個月或幾年的時間，我可以發現槓桿點，但因為它們是違反直覺的，即使我真的發現系統的槓桿點，也幾乎沒有人會相信我。這讓人很受打擊，也很痛苦。尤其是對於那些不只是希望了解複雜系統，還想做些事情讓我們這個世界變得更美好的人來說，更是如此。

正是經歷多次這樣的挫折，在一次有關全球貿易體制的會議上，我舉出幾個可以干預系統的槓桿點。儘管還不完善，但我願意討論這個清單，目的是拋磚引玉，希望能夠幫助大家更方便找到系統的槓桿點。當然，這個清單還有很大的改進空間，你也可以進一步完善它。

其實，那天我在腦海中浮現出來的幾個泡泡，並非空穴來風，而是在我幾十年對很多不同種類的系統進行嚴謹分析的基礎上提煉出來的，其中也包含很多其他智者的成果。但是，複雜的系統就是複雜的系統，對其進行一般化的歸納是十分危險的。所以，我想提醒讀者朋友們注意：你下面所讀到的內容不是「成品」或定論，而仍然是「在製品」；它們也不是尋找槓桿點的「處方」，相反地，你可以把它們看做是一個邀請，我為你提供一些參考或指引，並希望你能以更廣闊的視角來思考系統的變化。

隨著系統複雜度的增加，它們的行為也變得更加令人驚奇。想像一下你的活期存款帳戶，你可以存款和開支票，如果帳戶有足夠大的餘額，就會有一些利息流入，並且也將有一些銀行費用流出；如果你的帳戶裡沒有錢，就會產生一筆債務，並會逐漸累積起來（債務也有利息）。現在，讓你的帳戶與數千個帳戶有關聯，並且允許銀行將所有這些帳戶的結餘存款當成貸款貸出去；更進一步，上千家這樣的銀行連接起來，形成美國聯準會（Fed，Federal Reserve System）。你將會發現，**一些簡單的存量和流量，相互連接起來，將創造出一個非常龐大、複雜且動態變化的系統，其複雜程度超乎想像。**

這就是為什麼槓桿點經常是違反直覺的。此外，也有很多的系統理論支撐並進一步深化這些可能的槓桿點。以下是系統的十二大改革方式（槓桿點），有效性由小至大排列。

12.數字：包括各種常數和參數

想像一下我們在第一章中提到的浴缸，那是一個基本的存量一流量系統。在那個系統中，存量和流量的大小及其變化快慢都可以用數值來表示：如果水龍頭的閥門轉動不靈活，得花很長一段時間才能把浴缸注滿或關掉水龍頭；如果下水道堵塞，流出量的數值就很小。**類似這一類參數，其中一些是固定不變或遭物理鎖定的，但很多是可變的。這樣一來，就有很多調控點。**

再考慮一下國家的債務體系。它看起來像是很奇怪的存量，是個漏錢的「大窟窿」。這個「大窟窿」的深度被稱為年度財政赤字。政府的稅收收入會填補、縮小這個窟窿，而政府的各種開支、花費又會加深這個窟窿。國會和總統將其大部分時間花在討論如何增加（政府開支）或減小（稅收）這個窟窿的深度或尺寸的很多參數上。由於這些流量也與選民相關，因此這些參數也會成為政治的籌碼。但是，不管這些爭論有多激烈，也不管是哪個黨派在執政，近年來，這個漏錢的「大窟窿」都一直在擴大，區別只是速度快慢而已。

為了控制我們每天呼吸的空氣的清潔度，政府設定一些稱為「空氣品質」的標準參數；為了保護現有的森林面積，政府訂定每年允許砍伐量等指標；為了維持利潤水準，公司會調整諸如工資率或產品價格等參數。

每一年允許砍伐的森林面積、最低工資、政府在愛滋病研究或者隱形轟炸機上投入的經費、銀行從你的帳戶上收取的服務費等，所有這些都是參數，是對水龍頭閥門的調節。此外，單位解雇或招聘新人，包括政府公務員，也是在調整參數。

另一方面，也可以藉由改變閥門轉動的速度，對系統進行調節。

但是，如果還是使用原有的舊閥門、往原有系統中注水，並根據同樣
的舊資訊、目標和規則進行轉動，系統行為將不會有大的變化。投票
給比爾‧柯林頓（Bill Clinton）還是老布希（George H.W. Bush），肯
定有很多不同，但是，如果每一任總統都置身於同樣一個政治系統之
中，從本質上看並沒有什麼不同。在國家財政系統中，改變系統中金
錢流動的方向，或許可以產生顯著的變化，但這幾乎難以實現，因為
無論換成你我，都會把自己放到首先獲益的位置上去。

在我看來，藉由數值（尤其是流量的大小）來調節系統是效力最
低的一種方式，無法改變系統基本的結構。只是調整一些細枝末節，就
像對鐵達尼克號甲板上的座椅進行重新安排一樣。然而，大多數人會把
90%的注意力都集中在參數上，儘管這樣並不會有太大的槓桿效應。

這並不是說參數不重要。在短期內，或者對於那些與流量直接相
關的個體而言，它們可能是很重要的。例如，對於受到稅收和最低工
資等政策變數直接影響的人群，或者直接從事與此相關的工作的人，
都是如此。但是，改變這些變數**極少能改變國家經濟系統的行為**。如
果系統長期蕭條，參數變化幾乎也不可能一下子暴漲；如果系統是劇
烈波動的，參數變化一般也不會使其穩定下來；如果是成長失控，參
數也無法減緩失控的速度。

> 不管我們對競選捐款做何種限制，都無法消除政治因
> 素。美國聯邦政府無論如何調整利率，也無法改變經濟週期
> （在經濟大好時，我們經常會忘掉它；而在經濟陷入衰退
> 時，我們又會一再感到震驚）。在實行數十年世界上最嚴格
> 的空氣汙染標準之後，洛杉磯的空氣品質雖有所改善，但並
> 非潔淨。擴大員警開支，也沒有消除犯罪。

　　由於下面我將會展示一些數字當成槓桿點的案例，在這裡我想先提出鄭重聲明：**只有當我們實在找不到其他11個因素時，才能把參數當做槓桿點**。例如，藉由利率或出生率，來控制增強迴路的成長。如果參數是系統目標，那就另當別論。這類關鍵參數絕非平凡之輩，大多數系統都會受到這些關鍵參數的影響。但不幸的是，很多系統都已經偏離最初設計的狀態。因此，關注這些數字並沒有太大的價值。

　　以下是一位朋友，藉由網路和我分享的故事，能充分地說明這一點：

　　　　當我想把自己的房子租出去時，我花費很多的時間和精力，試圖算出「公平」的租金到底是多少。

　　　　我試著考慮所有的變數，包括房客的相對收入、我自己的收入和現金流需求，日常維護費用以及資本開支、權益與抵押貸款的利息率，我為房屋所付出的勞動價值等。

　　　　結果，我徹底迷失，根本找不到結果。於是，我找理財顧問諮詢。她說：「在你看來，好像有一個精確的合理租金水準，在這個水準之上，房客遭到剝削，而在這個水準之下，你又受人壓榨。事實上，並不存在這樣一條明確的線。在你和房客之間，是一個較大的灰色區域。在這個區域之內，你們都可以達成合理的交易。所以，別再自尋煩惱，照常過你的日子去吧[4]。」

11. 緩衝器：比流量力量更大、更穩定的存量

想像一下，有一個巨大的浴缸，流入和流出速率較緩慢；同時，有一個小號的浴缸，但流入量、流出量很大。這就是湖泊和河流的區別。相對於湖泊而言，河流更容易出現氾濫成災的情況，因為與河流相比，湖泊的存量相對於其流量更大，也更加穩定。**在化學和其他一些學科領域，一個較大、較穩定的存量被稱為緩衝器**（buffer）。

緩衝器具有保持穩定的力量。因此，你會把錢存入銀行，而不是把它放到自己錢包中（流量是日常生活費用開支）；同理，商家會保持一定的庫存量，而不是等顧客買走存貨之後馬上訂購新貨；為了保護瀕危物種，我們需要使該種群的數量大於最低限度的繁殖數量；由於美國東部沒有更大的鈣存量中和酸性物質，所以東部的土壤相對於西部的土壤對酸雨更加敏感。

藉由提高緩衝器的容量[5]，我們通常可以使系統穩定下來。但是，如果緩衝器過大，系統也將變得缺乏彈性，它對於變化的反應速度將過於緩慢。同時，要建立、擴大或維護某些緩衝器的容量，也需花費巨大的時間和資金，例如建設水庫或倉庫等。為此，一些企業發明「零庫存」的「及時生產」模式。在這些企業看來，與耗費鉅資維持固定的庫存相比，偶爾的波動或缺貨造成的損失並不是很大。此外，較小的庫存也具有更大的靈活性，可以更快地回應需求的變化。

所以，**有時候很神奇，改變緩衝器的大小會成為槓桿點。但是，緩衝器通常是物理實體，不大容易改變。**例如，美國東部土壤對酸性物質的吸收能力就不是緩解酸雨危害的槓桿點；水庫大壩的蓄水能力也是固定不變的。因此，在這個清單中，我並沒有把緩衝器的有效性排得太靠前。

10. 存量—流量結構：實體系統及其交叉節點

具有若干個存量和流量，並物理地連接起來的系統，其結構對於系統如何運作具有巨大的影響。以前，匈牙利的道路系統是以首都布達佩斯為中心，從該國一端到另一端的所有車輛都必須穿過布達佩斯市中心，這導致嚴重的空氣汙染和交通壅塞。該國曾經採取過多項控制空汙和紓解交通阻塞的措施，包括安裝並改造大量的交通號誌、推出限速政策等，但都沒有什麼效果。

造成上述系統行為的根本原因在於道路系統結構設計不良，因此，修正該系統的唯一方式就是重建道路系統。洛磯山研究所（RMI，Rocky Mountain Institute）的盧安武（Amory Lovins）帶領他的團隊，透過截彎取直、把過窄的管道擴大等簡單的措施，在節約能源方面取得令人驚奇的效果。如果我們對美國所有建築都做類似的節能改造，節約下來的能源足以讓很多發電廠關門。

但是，實體系統的重建通常是最慢、也是最昂貴的改變系統的辦法，有些「存量—流量」結構甚至可能是不可改變的。

美國「嬰兒潮」一開始給小學教育造成壓力，接著是中學、大學，然後是就業和住房；現在，社會又不得不考慮如何支撐大量人口的退休養老需求。對此，我們基本上束手無策，因為等5歲的人變成6歲，64歲的人就變成65歲，這是順理成章且不可阻止的。同樣地，這也可用來解釋，對臭氧層有破壞作用的氟利昂（Freon）分子的生命周期，因為低效率的汽車大軍需要耗費10～20年才能淘汰，遠遠超出清除汙染物的速度。

　　物理結構對系統是至關重要的，但它們很少是槓桿點，因為改變物理結構通常不大容易而且見效慢。恰當的槓桿點，需要從一開始就被設計好。一旦建立實體的結構，要想找到槓桿點，就需要理解系統的限制和瓶頸，在盡可能發揮它們的最大效率的同時，避免出現較大的波動或擴張，超出其承受能力。

9. 時間延遲：系統對變化做出反應的速度

反饋迴路中的時間延遲對系統行為有著顯著影響，它們通常是造成振盪的主因。如果你試圖調節存量，使其達到你的目標，但是你所接收到讀存量狀態的資訊有延遲，你就可能會發生矯枉過正或未達目標的狀況；如果資訊是及時的，但你的反應速度存在延遲，也會造成同樣的情形。

例如，建設一座發電廠需要耗費數年時間，而其運行壽命可能超過30年。這些時間延遲使得發電廠的建設數量不能適當地因應快速成長的用電需求。即使有非常好的預測能力，也難免用電吃緊（供不應求）和供過於求的反覆振盪，幾乎世界上所有國家的電力工業都曾經歷過類似狀況。

當存在長期的時間延遲時，系統將不能對短期的變化做出反應。這就是大規模的中央計劃經濟體系必然運作不佳的原因，比如蘇聯或通用汽車公司。

因為我們知道時間延遲很重要，所以只要願意找，我們就能發現它們。

從汙染物被傾倒到地上，到其滲透、汙染地下水之間，存在時間延遲；從某位嬰兒出生，到其長大成人、結婚、準備生兒育女之間，存在時間延遲；從某項新技術首次實驗成功，到其被市場接納、廣泛採用之間，存在時間延遲；從產品價格調整，到其供需失衡之間，也存在時間延遲。

在居於主導地位的反饋迴路中，**若反饋過程中存在時間延遲，將對存量變化的速度產生重要影響**。如果延遲時間太短，容易導致反應過度、風聲鶴唳、草木皆兵，並因過分敏感而導致振盪被放大；相反地，如果延遲時間太長，將導致反應遲鈍，使振盪得以衰減或突然爆發，這取決於延遲的時間到底有多長。對於存在某個臨界值或危險水準的系統來說，一旦超過一定限度，過長的延遲將造成不可逆轉的傷害，從而導致矯枉過正並且崩潰。

我將時間延遲的長度列為高槓桿點，事實上，時間延遲通常不是很容易改變的。很多事物的發展有其內在規律，該花多長時間就得花多少時間。你不可能一夜之間累積一大筆資本，孩子也不可能在一夜之間長大，揠苗助長也無法加快農作物的生長。但是，一般而言**減緩變化的速度**並不難做到，這樣的話，雖然反饋中的時間延遲不可避免，也不至於造成很大的麻煩。這就是在我排列的槓桿點清單中，成長速度位於時間延遲之前的原因。

·系統思考訣竅·

　　既然時間延遲無法消除，那麼，放慢系統的成長速度，使得技術和價格可以與成長保持一致，將具有更大的槓桿作用。

同樣地，這也可以解釋為什麼在福瑞斯特的世界模型中，放緩經濟的成長速度與加速技術開發或放開市場價格相比，是一個更大的槓桿點。它們都是試圖加快調整速度的措施，但是，現實世界的實體資本存量（例如工廠及設備、應用技術等）變化不會那麼快，即使面對新的價格或創意也是如此；其實，價格和創意本身也不會馬上變化，更不要說全球文化。

　　當然，如果**在系統中存在可變的時間延遲**，那麼，改變延遲時間就能取得顯著效果。但是，你必須非常小心，確保自己正在往正確的方向改變。例如，在金融市場上，費心減少資訊和資金轉移的延遲時間，只能加劇金融風暴。

8. 調節迴路：試圖修正外界影響的反饋力量

現在，我們開始把關注的焦點從系統的實體部分轉移到資訊和控制部分，在這些地方存在更多的槓桿點。

調節迴路在系統中是普遍存在的。大自然具有極強的平衡和自我進化能力，人體也能精妙地調控自身，把一些重要的存量維持在安全邊界內。上述的溫度調節器系統就是典型的案例。它的目標是將存量（室內溫度）維持在期望的水準上。任何調節迴路都有如下三項要素：一個預定的目標（如設定的室溫）、一套檢測達到或偏離目標的監測設備（如溫度計），以及一個反應機制（如加熱器、空調器、風扇、熱泵、水管、燃料等）。

一個複雜的系統內部通常都有不計其數的調節迴路，因此具有較強的自我糾正能力，可以適應不同的狀況和影響。在某一段時間裡，其中一些調節迴路可能是不起作用的，例如核電廠的應急冷卻系統，或者人體藉由流汗、打寒顫以維持體溫的機制等，但這些迴路的存在對於系統的長期價值而言是至關重要的。

我們常犯的大錯誤是試圖扔掉這些「應急」反應機制，因為它們不是經常使用，而且看起來成本不菲。短期來看，這樣做似乎沒有什麼影響；但從長期來看，這樣做會大大降低系統對不同狀況的適應力。在這方面，最令人心痛的例子就是，我們人類對瀕危物種棲息地的侵略；另一個例子是，我們很多人將更多時間用於工作、賺錢，而忽視個人休息、娛樂、社交和思考的時間。

調節迴路具有將相關聯的存量保持在預定目標值附近的能力。這主要取決於該迴路上所有參數和連接的組合狀況，它們決定調節迴路監測的準確性與速度、反應的靈敏度和力度、校正流量的直接性與規

模。有時候，這些地方就存在著槓桿點。

正如很多經濟學家相信，市場是一種調節型的反饋系統。它們的確具有神奇的自我調節能力，例如價格會隨供求狀況而波動，並對供求狀況進行調節，使其保持相對的平衡。對於生產商和消費者來說，價格是市場的「晴雨表」，是核心的資訊樞紐。價格機制愈清晰、透明、及時和準確，市場的運作就愈順暢且有效。如果價格反映全部的成本資訊，消費者就能知道自己實際可以支付多少，而生產商也知道自己以一定的效率來生產可以賺到多少。毫無疑問地，公司和政府都注意到市場價格的槓桿效應，並且試圖藉由補貼、稅賦以及其他方式對其進行調節，但是實際效果往往南轅北轍。

實際上，這些調節扭曲市場訊息，從而弱化市場信號的反饋力度。在這裡，**真正的**槓桿其實是順其自然，不要干預，包括反壟斷法、廣告法、防治汙染法、反對不當補貼法，以及其他各種干預市場自由競爭的措施。

如今，一些強化和澄清市場信號的方法（如全成本核算等）不會走得太遠，因為大大削弱另外一些相關的調節迴路，包括民主政治體制。從它的設計原理看，已經在人民和政府之間設置自我糾正的反饋機制。人民享有選舉其代表的權力，並藉由資訊公開，了解他們選出的代表的所作所為，從而據此做出投票，決定讓其繼續履職或下臺。這一過程的有效運作，有賴於選民和民選代表之間的資訊流是自由、完整、準確的。為此，國家每年都要耗費數十億美元，以防止資訊的偏差。如果讓那些試圖扭曲市場價格信號的人有權力影響政府領導，允許其散播對其合作夥伴有利的資訊，這些必不可少的調節迴路將難以有效運作，市場和民主都將受到侵蝕。

> **·系統思考訣竅·**
>
> 　　調節迴路的力量，需要與其預定要校正的影響大小相對應，這一點至關重要。可能的影響力量愈大，調節迴路的實力也需愈強，否則就有可能無法發揮校正的作用。

　　在寒冷的冬日，人們通常都會緊閉門窗。只有這樣，溫度調節器系統才能正常運作。如果你把所有門窗都打開，與這種突如其來的變化相比，該系統的調節能力就不匹配，室溫會迅速下降，溫度調節器系統就不起作用。

　　再如，以前人們依靠傳統的捕魚設備，海洋漁業生態具有良好的調節能力，但是後來，人們發明聲納定位、大功率拖船以及其他一些先進的設備，使得捕撈能力迅速增加。與這種變化相比，海洋系統的調節能力難以應對，海洋漁業資源迅速退化。

　　類似地，隨著一些大企業的崛起，主導產業的控制力愈來愈強，需要政府加大檢查和控制的力度；經濟全球化也使得跨國監管和全球治理顯得愈來愈重要。

　　為了改善系統的自我校正能力，我們需要增強調節迴路的力量，以下是一些實例：

- 藉由預防醫學、健身和良好的營養補給，以提高人體戰勝疾病的能力；
- 推行綜合治理，鼓勵增加自然的捕食者以控制害蟲；

· 透過資訊公開法案，來限制政府的舞弊；

· 建立環境破壞監督報告系統；

· 保護舉報者；

· 對私營企業徵收排汙費、汙染稅、履約保證金等。

7. 增強迴路：驅動收益成長的反饋力量

調節迴路是自我修正的，而增強迴路是自我強化的。 它每運作一次，就能獲得更大的強化自身運轉方向的力量，使系統的行為朝原有方向愈轉愈快。

例如，愈多的人得到流感，就有更多的人被傳染；新生兒愈多，他們長大之後就會生育更多的孩子；你在銀行裡的存款愈多，你得到的利息就愈多，從而讓你的錢更多；土壤流失愈嚴重，地表植被就愈稀少，土壤就愈容易被雨水沖走，從而導致更多的流失；臨界物質中的高能量中子愈多，它們與原子核的碰撞就愈多，從而產生更多的高能量中子，導致核爆炸或熔毀。

增強迴路是系統中出現成長、爆發、腐蝕和崩潰的根源。 如果系統中存在一個不受抑制的增強迴路，該系統最終會被其摧毀。這就是它們比較罕見的緣故。通常，或早或遲都會啟動一些調節迴路，以抵消其影響。

以流感為例，抵抗力弱的人都感染了，或人們採取更有效的預防措施，流感的增強迴路就受到抑制；又如人口成長，隨著人口增加，死亡率也會上升，與出生率持平；或人們看到不加限制地生育的後果而採取各種節育措施，導致出生率降低，如此一來，人口的增強迴路就會受到限制；對於土壤流失來說，所有土壤都遭沖刷而露出岩層；數百萬年之

後，岩石也會粉碎變成新的土壤；或者人們停止過度放牧，
興修水利、植樹造林，土壤流失也會慢慢減少或停止。

　　在上述所有例子中，最初的結果是增強迴路若不受約束可能出現
的狀況，後者則是在增強迴路的基礎上，增加一些調節迴路並且干
預，以減少增強迴路自我放大的力量。

　　在世界模型中，人口和經濟成長率都是槓桿點，因為只有減緩人
口和經濟的成長，才能讓很多調節迴路有時間發揮作用，包括技術、
市場和其他調節措施，所有這些機制都有一定的局限性和時間延遲。
同樣，當你開快車時，降低行駛速度，是預防交通事故更為有效的槓
桿點，而不能僅於指望煞車的回應速度或者其他先進的駕駛技術。

・系統思考訣竅・

　　一般來說，與增大調節迴路的力量相比，減少增強迴路的產
出成果，也就是說放緩成長的速度，可能是更有力的槓桿點，而
且其結果比聽任增強迴路不受約束地運作更好。

　　我們在前面講過，在社會中，有很多增強迴路使得資源向競爭裡
中的贏家傾斜或集中，使得他們在其後的競爭中變得更為強大，這就
是我們前文所說的「富者愈富」的陷阱。富人因有餘款放貸而獲得利
息，窮人卻要因匱乏資金而貸款並支付利息；富人可以雇用理財師和
會計師，找到政治上的靠山，在擴大收入的同時減少稅賦支出，而窮
人卻做不到；富人可以讓其子女接受良好的教育，並給其豐厚的遺
產，而窮人也做不到。與「富者愈富」強大的增強迴路力量比起來，
「反貧窮項目」的調節迴路是軟弱無力的，難以奏效。相反地，如果

能夠弱化增強迴路的力量，就可能有效得多。一些值得探討的做法包括徵收累進式收入稅、遺產稅，以及提高社會公共義務教育水準等。如果富人可以影響政府削弱而非強化這些措施，那麼政府本身就從一個平衡調節性結構轉變為一種強化「富者愈富」系統的力量，後果不堪設想！

　　當圍繞出生率、利率、土壤流失率以及與「富者愈富」等增強迴路有關的地方尋找槓桿點時，愈深入，通常收穫也會愈多。

6. 資訊流：誰能獲得資訊的結構

在第四章中，我們探討荷蘭在住房開發過程中安裝電表的故事，一些電表被安裝在地下室，另外一些則被安裝在客廳。在房間沒有其他區別的情況下，後者家庭的電力消耗比前者低30%，差別只在於電表是否被安裝在人們更容易看到的位置。

我很喜歡這個故事，因為它說明系統的資訊結構是一個高槓桿點。它不涉及參數的調整，也不是對現有反饋迴路的強化或弱化。它是一個新的迴路，讓人們在之前得不到資訊的地方可以獲得反饋。

資訊流的缺失是系統功能不彰最常見的原因之一。增加或恢復資訊可能是一個強有力的干預方法，而且通常比重建系統的物理基礎設施更為容易、成本低廉。舉例來說，摧毀全球漁業的「公共資源的悲劇」之所以發生，就是因為在漁業資源狀態（即海洋裡還有多少魚）和捕撈能力投資決策（即是否要投資建設捕撈量更大的漁船）之間，幾乎沒有反饋迴路。與主流的經濟學觀點不同，我並不認同魚的**價格**可以提供上述反饋資訊。相反地，當魚愈稀缺時，魚的價格就愈高，也就讓漁民覺得更為有利可圖，從而不辭辛苦地出海，把僅剩的魚也捕撈殆盡。這是一個不恰當的反饋，是一個最終導致崩潰的增強迴路。因此，我們真正需要的不是價格資訊，而是剩餘魚群數量的資訊。

在恰當的地點、以有效的方式恢復缺失的反饋是非常重要的。以另外一種「公共資源的悲劇」抽取地下水為例，僅僅告訴每一個用水者「地下水位正在下降」的資訊是不夠的，甚至可能導致人們競相把井打得更深。相反地，把用水價格與地下水的蓄積量掛鉤，也就是說當抽取速度超過地下水的補充速度時，就立刻提高水價，可能更為有效。

> 資訊流的缺失是系統功能不彰最常見的原因之一。增加或恢復資訊可能是一個強有力的干預方法，而且通常比重建系統的物理基礎設施更為容易、成本低廉。

　　其他一些強制性反饋的例子並不難找。想像一下，納稅人可以得到政府的詳細資訊公開，及時了解到自己繳納的稅款的用途；每一個城市或公司的取水管都放到同一條河的下游，讓它們馬上能夠了解到自己**排放汙水**的情況；任何一個打算投資建設核電廠的政府公務員或企業老闆，都得在自家的草坪上堆放核電廠排放的廢物；每一位鼓吹宣戰的政客都得自己上前線。

　　從人性的角度上看，存在一種系統性的傾向，即人們避免對自己的決策承擔責任。這就是為什麼有如此多的反饋迴路缺失，也能說明為什麼這類槓桿點受一般大眾的歡迎，而在那些有權勢的人那裡不受歡迎。同時，如果你擁有權力，可以這麼做，我相信也是有效的。

5. 系統規則：激勵、懲罰和限制條件

規則定義系統的範圍、邊界和自由度。例如，《聖經》上說「不可殺人」；憲法規定「每個人都有言論自由的權利」；就像是總統的任期為四年，並且連任不超過兩屆；商務活動的基本規則是「合約具有法律效力」；棒球的規則是每隊九個人，想得分你必須觸到每一個壘包，三次揮棒落空就出局；如果你搶劫銀行並遭逮，就要坐牢。

憲法是社會規則最典型的例子。物理定律（如熱力學第二定律）是一些絕對規則，也就是說不管我們是否理解或喜歡它們，它們都起作用。**法律、處罰、激勵以及非正式的社會約定都是一些人為規則**（強度依次序遞減）。

> 為了展示規則的力量，我會在課堂上讓我的學生想像一下，如果改變大學的規則，會是一幅什麼景象？假設讓學生來評價老師，或者相互評價；假設沒有學位，當你想學習一些新東西時，你就來上大學，學成就畢業；假設根據解決現實世界問題的能力來授予教授職位，而不是發表的學術論文數量；假設以小組為單位來評分，而不是個人。規則一變，情況肯定大不相同。

當我們努力重塑規則，並且知道這些規則的變化將如何影響人們的行為時，我們才真正懂得規則的力量。這就是為什麼當國會制訂新的法律時，說客會雲集於首都；為什麼負責解釋和制定憲法的特別法院，甚至比國會的權力還要大（憲法是制定規則的規則）。如果你想了解系統功能失調最深刻的原因，那就特別留意這些規則以及什麼人

擁有控制規則的權力。

　　當別人向我介紹新的世界貿易體系之後，我的直覺系統使我警覺起來，也正是基於這個原因。這一體系的規則由大公司制定，運作也由大公司把持，符合大公司的利益。它的所有規則中幾乎排除來自社會其他方面的任何反饋；它的大部分會議也是封閉的，甚至對於媒體也是不公開的，沒有資訊流，沒有反饋。它迫使各個國家進入一個追逐自身利益最大化的增強迴路之中，相互競爭，並且弱化環境與社會的安全保障，以便能夠吸引到公司的投資。這些「處方」將觸發「富者愈富」的迴路，產生巨大的權力集中和中央計劃經濟體系，並最終自己把自己摧毀。

4. 自組織：系統結構增加、變化或進化的力量

有機系統和一些社會系統具有的最神奇的功能，是它們能夠藉由創造全新的結構和行為，徹底改變自身。在生物系統中，這種能力被稱為「進化」；在人類社會、經濟領域，則被稱為技術進步或社會革命。用系統的語言來講，稱為「自組織」。

「自組織」意味著系統可以改變自身的任何一個方面，包括增加全新的物理結構（如大腦、翅膀或電腦等）、增加新的調節迴路或增強迴路，或者新的規則。

> **·系統思考訣竅·**
>
> 自組織是系統具有最高適應力的表現形式。一個能夠自我進化的系統，可以藉由改變自身，來適應各種變化以維持生存。

人類的免疫系統有能力對之前沒有遇到過的各種傷害做出應對、人類的大腦可以捕獲新的資訊並突然冒出一些全新的想法，都是這個原理。

自組織的力量看起來非常神奇，以至於我們傾向於將其視為神祕的、不可思議或神化的事物。比如在經濟學領域，經濟學家經常把技術當成魔法來對待，它們不知道是從何處冒出來的，也沒有什麼成本，但是每年可以穩定地對生產力的提高起一些作用。幾個世紀以來，人們一直對大自然中令人歎為觀止的多樣性保持著同樣的敬畏之心，也有很多人相信，只有一個神奇的造物主才能做到這一點。

對自組織系統進一步的研究表明，如果真的存在一個神奇的造物主，他也不能創造出進化的奇蹟。不管是他、她或者是它，只不過是

設定非凡的自組織規則。這些規則在全局上左右著在什麼情況下，系統應該在何處、如何、做哪些增減。

　　複雜的科學研究表明，藉由電腦類比，只是根據一組很簡單的規則，就能夠衍生出非常複雜、令人驚訝的模式。DNA攜帶的遺傳代碼是所有生物進化的基礎，它也只是由4種不同的字母組成，每3個字母組合成不同的單詞。這種模式及其複製和重組的規則，對於一些物種來說，保持30億年未變，而在這個漫長的演化過程中，湧現難以想像的自我進化的生物變種，有的很成功，有的則失敗。

　　要想實現進化，自組織機制需要一些原材料，以及一些實驗、變異和測試，以便能夠從海量、多變的資訊存量中選擇出可能的模式，並對各種新模式進行檢測。對於生物進化來說，原材料是DNA，基因突變是多樣性的來源之一，測試機制是環境變化、適者生存。對於技術演進來說，原材料是各種研究機構和科學研究人員，藉由多種機制，例如圖書館、論文以及人的大腦等，創造、繼承和累積、儲存大量的科學知識，多樣化的來源是人的創造力，而測試機制可能是市場競爭，也可能是政府和基金會組織的贊助，或者符合人們的需求等。

　　當你理解系統自組織的力量，你就更容易理解，為什麼與經濟學家推崇的技術相比，生物學家更加推崇生物多樣性。經過億萬年的進化和累積，DNA的存量非常巨大，具有難以想像的廣泛的多樣性，這正是無限進化潛能的來源。相較之下，雖然科學圖書館、實驗室、大學以及研究人員等也有很多，一代代研究者不斷被培養、從事研究，構成人類技術潛能的來源，但這顯然是無法和生物遺傳基因的多樣性

相比的。當今時代，大量物種瀕臨滅絕，如果任由這種情況發展下去，從系統的角度看，這對於生物進化來說就是在犯罪。這就像把某個科學分支或領域的所有書籍、雜誌全部銷毀，或者讓某一類科學家全部消失一樣。

同樣的狀況也出現在人類文化上。經過數千年的累積沉澱，人類文化也是多種多樣的，儲藏著各種行為指令的集合，它們也是人類社會演化的寶貴財富和源泉。不幸的是，人們並不大珍惜或欣賞社會文化中所蘊含的寶貴的進化潛能。相較而言，人們對此的重視度甚至還比不上對地松鼠某一項基因變異的關注。在我看來，部分原因在於幾乎每種社會文化都有一種信念，即認為只有我們的文化才是最優的。

強調單一的文化認同關閉學習的大門，也削弱人類社會的適應力。任何系統，包括生物、經濟或社會，如果變得如此單一，也就會變得僵化、難以自我進化；如果某一個系統，在結構上鄙視、限制實驗，不允許差異和多樣性的存在，並消除這一創新的原材料，從長期來看，將註定滅亡。要記住，我們生活的這個星球是高度多元化的。

在這裡，介入點是很明顯的，但通常並不受歡迎，那就是：**鼓勵多樣性和實驗。**在很多人看來，多樣性意味著「失控」；讓一千種花朵自由綻放，**任何事情**都有可能發生！誰喜歡這樣呢？還是讓我們更穩妥一些吧，把雜草除掉，種上自己喜歡的花朵，這樣會顯得更為美觀、整潔。但是，消除多樣性，無論對於生物系統，還是對社會、文化，抑或市場而言，都將是一場災難。

3. 目標：系統的目的或功能

　　為什麼系統的目標是一個槓桿點，而且要比系統的自組織能力更為優先考慮？這是因為，**推動人們試圖控制、消除多樣性的動因，正是系統的目標**。如果目標是將全世界都置於一個中央計畫體系的控制之下，如同成吉思汗、基督教會、中國大陸、迪士尼（Disney）或沃爾瑪（Wal-Mart）等構建的「帝國」一樣，上述提到的所有可能的選擇，例如物理存量和流量、反饋迴路、資訊流，甚至是自組織行為，都可以轉化為實現這個目標上。

　　這就是我不參與爭辯「基因工程的好壞」的原因。就像所有技術一樣，是好是壞取決於誰來使用它，以及要實現什麼目標。唯一可說的是，如果公司將其用於生產市場化的產品，那將是一個非常不同的目標，有不同的選擇機制以及進化的方向，與我們這個星球上目前所見的所有事物都不同。

　　就像前文我們提到的單一迴圈的例子顯示的那樣，系統內大多數調節迴路都有自己的目標，像是保持浴缸裡的水位、保持適宜的室內溫度、保持充足的庫存量、保持足夠的蓄水量。對於系統的組成部分而言，這些目標都是重要的槓桿點。大多數人其實都意識到這一點，例如，如果你想讓屋裡更暖和一些，你會調節空調的旋鈕，設定到合適的溫度。但是，對於那些更為複雜的系統整體而言，也存在更大卻更不明顯的高槓桿目標。

　　即使系統裡的人也經常認識不到他們所在的系統整體的目標。「為了營利」，大多數公司都可能這麼說，但那只是一個規則，是持續經營的必要條件。說到底，這場遊戲的目標到底是什麼？為了成長、增加市場占比，還是大舉將世界（包括顧客、供應商和管理者

等）置於自己的控制之下？如果是這樣的話，公司的運作就需要逐漸擴大掌控範圍，以規避不確定性。經濟學家約翰·布雷思（John K. Galbraith）很早之前，就體認到公司的目標是侵吞一切[6]。其實，這也是癌症的目標。實際上，這正是每一個有機體的目標。但是，因為總有一些更高層次的調節迴路，限制某個局部獲得主導權，使其無法極力成長並最終控制整個系統，所以只有當這些迴路無法奏效時，才會出現如此最差的狀況。

例如，在市場體系中，維持市場公平競爭的目標，會超過單個公司消滅所有競爭對手的目標；在生態系統中，維持物種平衡和進化的目標，會超過單個個體無限制繁殖的目標。

我在前面說過，只要系統結構不變，改變系統中的參與者只是一個低層次的干預方式，除非某個參與者有權力制訂規則，並可改變系統的目標。這種情況非常罕見，但效果卻往往令人驚訝。組織中一位新領導者上臺，設定一個新的目標，就把成百上千甚至數百萬聰明而理智的人帶往新的方向，從達特茅斯學院到納粹德國，都是如此。

這也是美國前總統雷根所做的，我就曾親眼目睹。在他入主白宮之前，有位著名的總統曾說過：「不要問國家能為你做什麼，而是要問你能為國家做什麼。」大家都能肅然接受這樣的觀念。然而，雷根一再表示，目標不應該是讓人民幫助政府，也不是讓政府幫助人民，而是讓政府減少干預。可能有人會說，為了更大的系統變革和公司權力的成長，他

不得不出此下策。我也曾這麼想過，但不可否認的是，自從
雷根上臺之後，美國的公共政策乃至全球輿論，完全改變。

所以，系統中的某個參與者可以清晰地設定、闡述、重複、支援
並堅持新的目標，從而引導系統的變革，雷根就是一個例證。

2. 社會典範：決定系統之所以為系統的心智模式

福瑞斯特關於系統的另一個著名論斷是「一個國家的稅法是如何制定的並不重要」。這裡面有一個社會公認的觀念，即稅賦的公平分配問題。不管稅法上怎麼說，公平或不公正，複雜或簡單，關於欺騙、豁免或抵扣、起徵點、實際的稅款支付方式等，都會逐漸符合社會公認的「公平」觀念。

這些社會公認的觀念，一些潛在的基本假設以及關於社會現實本質的普遍看法，構成社會的典範（paradigm），或者是一整套世界觀，它們是人們普遍相信的、關於世界是如何運作的一系列基本假設、規則或信念。這些信念都是隱含的，因為在一個社會中，幾乎每一個人都已經知道它們，因而無須特別言明。

> 例如，人們普遍認為可以用金錢來衡量某件事物的真實價值，金錢也有其真實的含義。因此，如果人們都不願意多付錢，那就意味著這件東西不值錢。再如，人們普遍認為成長是件好事情；大自然是富含資源的寶藏，可以為人類服務；由於「智人」的出現，終止自然進化的進程；個人可以「擁有」土地等。這些只是我們當前文化中很少一些有關社會典範的基本假定，而這些假定在另外一些文化中很可能是匪夷所思或驚世駭俗。

對此，美國作家愛默生這樣寫道：

每一個國家、每一個人都會本能地以自我為中心，對其周邊的物質存在做出反應，這準確無誤地反映他們的思想狀態。為了體認這一點，你可以觀察自己周圍的每一個真理和錯誤、每一個人內心的想法，包括與你息息相關的社會、住房、城市、語言、各種儀式、禮節、報紙雜誌等；觀察今天的各種想法；觀察一下原木、磚塊、石灰和石頭如何經過組合，成為方便人們居住的形狀，以符合大多數人頭腦中的主流想法。當然，它符合以下規律，即思想的輕微改變將遭到迅速放大，導致外部事物的顯著變化[7]。

·系統思考訣竅·

　　典範是系統之所以成為系統的根源。根植於這些典範，產生系統的目標和資訊流、反饋、各種存量和流量，以及系統中的所有東西。系統的目標、結構、規則、時間延遲和各種參數，都受到典範的直接影響。

　　古埃及人建造金字塔，因為他們相信在人死後還有來世。我們建造摩天大樓，因為我們相信市中心的土地，寸土寸金。不管是哥白尼（Nicolas Copernicus）的天體運行論和克卜勒（Johannes Kepler）的行星運動定律，發現地球並非宇宙的中心；還是愛因斯坦（Albert Einstein）論證物質和能量是可轉換的相對論；或者是亞當‧斯密（Adam Smith）提出「市場中單個主體的自私行為彙集起來，卻能令人驚奇地產生出集體的福利」，**凡是在典範層面上採取干預措施或推動變革的人，都產生巨大的槓桿效應，並從根本上改變系統。**

　　你可能會說，典範比系統中的其他東西都更難改變，因此這一項

應該放到尋找槓桿點的清單中的最後一位元，而不是倒數第二位。但是，在典範變革過程中，沒有任何物理的變化，也無需昂貴的代價，甚至也沒有時間延遲或是緩慢的過程。對於個人來說，這種轉變可以在毫秒之間發生，所需要做的只是頭腦中的一閃念、一眨眼或者採用新的觀察方式。當然，對於整個社會來說，這將是另外一碼事（人們抵制典範的轉變，遠甚於抵制任何其他變化）。

所以，我們怎樣才能改變典範呢？研究科學典範變革的著名學者湯瑪斯・孔恩（Thomas Kuhn）對此進行深入的研究[8]，他指出：

- 你需要持續地留意，在舊的典範中有哪些異常和失效之處；對於新的典範，你需要不停地宣講和行動，並持之以恆。
- 在可能的情況下，加入新典範；在受人被接納並占主導地位的社會環境之中，切身體驗新典範。
- 不要與反對改革的人接觸，以免浪費時間；相反地，你要與積極的變革代理人合作，置身於心胸開闊、願意接納新事物的社會人群之中。

系統結構師告訴我們，可以藉由建構系統的模型來改變典範。因為建模的過程會讓我們跳出系統之外，使我們把系統視為一個整體。我個人曾經透過這種方式，改變過自己的典範。所以，我想告訴你，這種方法確實有效。

1. 超越典範

與改變典範相比，在更高的層次上，還有另外一個槓桿點，那就是**使自己擺脫任何典範的控制，保持靈活性，意識到沒有典範才是「真實」的。**

每一個人在認識世界方面都有巨大的局限性，這個世界太大、太複雜，遠遠超出我們人類的理解力和認知範圍。即使那些能夠持續不斷地塑造和調整自己世界觀的人，也無法對這個世界擁有完整的認識。

我們每個人幾乎都會受典範的控制，從而對每一種事物的多種可能性視而不見，偏執一端、想當然爾認為只有自己的看法才是對的，其他看法都是錯誤或荒謬的，並立即駁斥其他看法，逐漸遠離自己認定的道路上。

然而，在「空」的境界裡，就沒有權力與控制，也沒有決斷，甚至沒有存在的緣由，更沒有無謂的作為，內心深處不執著於某一個信念。

雖然這種境界看似玄妙，但事實上，每一個接納該觀點的人，不管是暫時的，還是長期的，都會發現這將是徹底放下的基礎。

如果沒有任何典範或世界觀是正確的，為了實現你的目標，你可以選擇任何合適的手段。如果你對於如何達成目標沒有任何想法，你可以仔細觀察大自然的運作，傾聽宇宙之聲。

系統思考訣竅

我們需要在自己的內心認識到各種典範的存在，並將這一點也視為一種典範，以赤子之心對待整體現實。這樣才能進入一種「空」（not-knowing）的狀態，進入佛教所講的「開悟」境界。

正是在這個超越典範的自主空間裡，人們可以拋棄一切貪念，放棄控制、執著、封閉，打破一切統治、禁錮的枷鎖，活在永恆的愉悅之中，即使被燒死在火刑柱上、被釘死十字架上，或者遭受其他迫害，但是其影響力仍然會持續上千年。

由於系統是高度複雜、特異且動態變化的，要想有效地干預它，其實並沒有一定規則。我在這裡給出的清單也只是一家之言。它們是一些可能的選擇，順序也不是固定的。在每一項中，都有很多的例外，你也可以根據實際情況靈活調整它們的順序。雖然這些想法多年來一直存在於我的潛意識裡，但我也沒有因此變成「超人」。**槓桿點所處的層次愈高，槓桿作用就愈大，系統抵制變化的力量也就愈強；**這就是為什麼社會總是會排斥或者消滅那些真正開悟的人。

但是，即使我們知道槓桿點在何處，以及可以往哪個方向推動它，卻也往往很難理解它的神奇效力，更難掌握和使用這些槓桿點。你必須努力思索，審慎地分析系統，並拋棄自己的典範，進入「空」的謙卑境界。**最後，看似無為，卻可能是最為根本、最具有戰略且最有效的槓桿點；雖然看似瘋狂，然而，放下一切，卻能優雅地與系統共舞。**

原文注

1. Lawrence Malkin, "IBM Slashes Spending for Research in New Cutback," *International Herald Tribune*, December 16, 1992, p. 1.

2. J. W. Forrester, *World Dynamics* (Cambridge MA: Wright-Allen Press, 1971).

3. Forrester, *Urban Dynamics* (Cambridge, MA: The MIT Press, 1969), 65.

4. 感謝智利聖地牙哥的David Holmstrom。

5. For an example, see Dennis Meadows's model of commodity price fluctuations: Dennis L. Meadows, *Dynamics of Commodity Production Cycles* (Cambridge, MA: Wright-Allen Press, Inc., 1970).

6. John Kenneth Galbraith, *The New Industrial State* (Boston: Houghton Mifflin, 1967).

7. Ralph Waldo Emerson, "War," lecture delivered in Boston, March, 1838. Reprinted in *Emerson's Complete Works*, vol. XI, (Boston: Houghton, Mifflin & Co., 1887), 177.

8. Thomas Kuhn, *The Structure of Scientific Revolutions* (Chicago: University of Chicago Press, 1962).

第七章

與系統共舞
系統的十五大生存法則

在這個世界中，真正的難題不是判斷世界本身是理性還是非理性。最常困擾我們的往往是，世界是基本理性的，但並非完全理性。生活是理性的，但如果完全按照邏輯來推論，卻可能到處是陷阱。它看起來有一定量化關係，卻不可能完全精確地用數學公式來度量；它看起來有一定規律，卻又隨時充滿驚喜。

——卻斯特頓（G. K. Chesterton）[1]，20世紀作家

在工業社會長大的人，若熱衷於系統思考，很可能會犯下嚴重的錯誤。他們可能會假定，透過系統分析，可以認清系統中的相互連結以及複雜糾葛，借助電腦的威力，最後找到預測和控制系統的鑰匙。不幸的是，這是錯誤的觀念，其根源在於工業時代根深蒂固的心智模式，即相信存在一把預測和控制的鑰匙。

一開始，我也是這麼認為的。我們所有這些在麻省理工學院就讀系統學專業的學生都是這麼假定的。我們或多或少都天真地認為，藉由學習，就可以練就一雙洞察複雜世界的「慧眼」。大家都為此而著迷，努力鑽研，如同許多前人所做的一樣。但是，我們高估自己的發現。這麼做並不是想存心欺騙他人，只是表達個人的意願或期望。對我們來說，系統思考不僅是微妙、複雜的「頭腦體操」，更是為了讓**系統高效運作**。

就像一位即將開始印度探祕之旅的探險者卻誤打誤撞闖進西半球一樣，我們確實發現一些東西，但它們根本就不是我們自認為的那樣。系統思考與我們過去習以為常的觀察、分析、認知世界的方式是迥然不同的。後來，隨著對系統思考的理解日漸深入，我們慢慢發現，系統思考的價值比我們之前想像的還要大，只不過要做到這一點，必須使用與以往不同的方式。

我們認識到的第一個問題是，理解如何修補一個系統和實際動手修補它，完全是兩件事。之前，我們曾就「實施」這一話題進行過很多次熱烈的討論，當時，我們的真實想法只不過是「如何讓管理者、市長和相關機構的負責人接受我們的建議」。

然而實際情況是，就連**我們**自己也沒有採納自己的建議。我們理解上癮的結構，也多次給別人講解，但我們自己卻不能一天不喝咖啡；我們都知道目標侵蝕的動態特性，但我們自己的慢跑又能堅持多

久呢？我們一再警告別人不要陷入競爭升級和轉嫁負擔的陷阱，但我們在對待自己的家人時卻又一再犯類似錯誤。

　　社會系統是人類文化思考模式的外在展現，也是深層次的需求、情緒、優勢和劣勢的反映。改變它們絕非易事，不是簡單說一句「我們現在正面臨嚴峻的挑戰」，人們就能改變，也不是因為我們知道改變的好處就能改變。

　　我們認識到的第二個問題是，系統洞察力會讓你產生更多的問題。雖然對系統的洞察力讓我們理解很多之前所不曾理解的事情，但它們不能幫我們理解**所有的事情**。事實上，你所理解的事情愈多，新出現的問題也就愈多。就像人類所發明的其他透鏡一樣，系統思考也能讓我們透視微觀世界和宏觀宇宙，發現很多神奇的事物，在過去這些可能都是一些難以理解的奇蹟，但同時它也能讓我們發現很多新的奇蹟。借助這一項新工具，我們能夠揭開很多根植於人類思維、心靈深處的神祕事物，更好地理解系統如何運作。接下來，我列舉發現的幾個問題：

系統行為	系統行為引發的問題
在某個特定系統的某個具體點,增加新的資訊反饋迴路能使系統運作更順利。但是,決策者往往抵制他們所需要的資訊,不是漠不關心,就是拒絕相信,或者根本不知道如何解釋這些資訊。	為什麼人們以自己的方式主動地整理和過濾資訊?他們是如何決定選擇並處理哪些資訊,而摒棄或忽略另外一些資訊?對於同樣的資訊,不同的人是如何做出不同的解讀,並得出不同結論的?
如果某個反饋迴路只能圍繞並導向某個特定的價值觀,系統的結果將能讓所有接受那個價值觀的人感到滿意,而其他人不滿意。我們不必改變任何人的價值觀,但必須讓系統圍繞真正的價值觀運作。	什麼是價值觀?它們來自何處?它們是通用的,還是由文化決定而各有差異?是什麼原因讓一個人或社會放棄追求「真正的價值」,而滿足於廉價的替代品?如何確定一個反饋迴路是否為關鍵迴路,尤其是如何從無法衡量的品質上來判斷,而不只是數量?
如果某個系統在各個參與方看來都不合常理,它將導致各種低效、醜惡現象、環境退化與人類的痛楚。但是如果我們將其消滅,我們將失去整個系統。舊的已破,新的難立,這將是最可怕的事。	為什麼人們在最小的結構化和最大的自由度的情況下,創造力會如此驚人?一個人觀察世界的方式如何獲得廣泛共享,使得機構、技術、生產系統、建築、城市等都建構於這種世界觀之上?系統如何創造文化?文化如何創建系統?一旦文化和系統都被發現存在不足,它們是否能藉由瓦解和混沌而得以變革?
系統中的人們會容忍有害的行動,因為他們害怕改變。他們不相信可以建立更好的系統,感覺自己無力提出或實現任何系統化的改進。	為什麼人們會輕易地相信自己無能為力?他們為什麼會變得憤世嫉俗,喪失實現自己願景的能力?他們為什麼更願意聽別人告訴自己無法改變現狀,而不相信他人告訴自己能做些什麼呢?

　　系統思考者並非首批或唯一提出類似這些問題的人。當我們開始探詢這些問題時，我們會發現各個學科領域、圖書典籍、歷史紀錄，也都曾問過同樣的問題，並在某種程度上給出過答案。我們的研究的特別之處，並不在於我們的答案，甚至不是我們的問題，而是系統思考工具本身，它發端於工程學和數學，應用電腦技術，受機械論思維模式的影響，追求對系統的預測和控制，這讓它的實踐者會面臨人類最深刻的未解之謎。我堅信，即使對於最堅定的技術統治論者，系統思考也會讓我們發現，要想應對這個充滿各種複雜系統的世界，需要的不只是技術統治。

　　自組織、非線性、反饋系統從本質上是不可預測和被控制的，因此，我們只能以一般的方式理解它們。想要準確地預見未來並完美地提前做好準備，是不現實的；想要讓複雜的系統只做符合我們期望的事情，也是不現實的。即使在最理想的情況下，也只能是暫時地實現。我們永遠無法完整地理解這個世界，無法像還原論者所期望的那樣徹底解構這個世界。科學本身，從量子理論到模糊數學，都會引導我們走入無法迴避的不確定性之中。只要不是最為瑣碎、具體的目標，我們就無法將其優化；我們甚至都不知道到底要優化什麼；我們也不能跟蹤每一件事情的發展、變化。雖然我們人類常把自己當做無所不知、無所不能的征服者，但無論是對於大自然，還是人與人之間，抑或是我們自己創造的各種組織，我們都尚未建立起一種恰當的、永續的關係。

　　對於那些堅信自己是宇宙主宰的人，系統思考所揭示的不確定性是令他們難以接受的。如果你不能理解、預測和控制系統，那該怎麼辦呢？

　　然而，只要我們認識到並願意放棄控制的錯覺，稍加等待，系統

思考就能得出另外一種結論，如此鮮明耀眼，那就是：我們可以有很大的施展空間，但要換一種截然不同的方式。我們不能讓風起雲湧、變化萬千的大千世界變得四平八穩、毫無意外，一切盡在掌握，但我們可以預料到各種意外，從中學習，甚至能從中獲益；我們不能把自己的意志強加於系統之上，但我們可以聆聽系統的聲音，聽它告訴我們什麼，並發現如何順應系統的特性，使我們的價值觀更好地與之匹配，從而創造出另外一些更好的事情來，而這都是無法只靠我們的意志來實現的。

・系統思考訣竅・

　　未來是不可預測的，但人可以想像未來，並在人們的腦海中栩栩如生、呼之欲出；系統不可以被控制，但它們可以被設計和重構。

　　我們無法控制系統，或將其搞清楚，但我們可以與系統共舞！

　　我已經知道這一點可以做到。透過泛舟、園藝和滑雪，我懂得如何與大自然偉大的力量共舞。這些活動都需要一個人保持完全清醒、高度關注、竭盡全力，並對各種反饋做出快速回應才能完成。對於我來說，這些感受都是獨一無二的，而在我從事研究、管理、政府公務和與人相處時，從來沒有出現過類似的情況。

　　但是，這並不意味著它們不需要同樣的投入，從我們開發的每一個電腦模型中湧現出來的資訊，也需要與系統共舞。要想成功地在這個系統的世界裡生存，需要我們付出更多，不只是計算能力。我們需要奉獻出全部的人性，包括理性分析、識別真理和謬誤的能力、直覺、同理心、對未來的期許以及道德的力量等[2]。

在本章中，我試圖總結出最為通用的「系統智慧」，當成本書的結尾。這些都是我個人藉由對複雜系統的建模，以及與眾多建模者共同探討而學習到的，是我親身收穫的一些經驗教訓，是源於系統的基本原理之上提煉出來的概念和實踐做法，雖然不盡完美，但大家可以在自己的工作和生活中應用它們、感受它們。它們是基於反饋、非線性和自組織等世界觀之上的行為。

當達特茅斯大學某位工程學教授注意到，我們這些從事系統相關研究的傢伙是「另類的」，並且疑惑為什麼我們的看法與他有差異時，我想，這些可能就是他發現的不同之處。

我在這裡列出的清單可能是不完整的，因為我依然是系統思考學派中的一名學生。同時，這也不是學習和應用系統思考的「獨門祕笈」，有很多種方法可以學會與系統共舞。但是，大家可以把它當成學習與系統共舞的起點。我注意到，當我的同事們遇到一些新的系統時，他們會自然而然地這麼做。

1.跟上系統的節拍

當你想用任何方式干預系統之前,首先要觀察它是如何運作的。
如果它是一首樂曲、或是某種大宗商品價格的波動,就要研究它的節
拍;如果它是社會系統,就要觀察它是如何運作的。研究它的歷史,
詢問那些曾長期關注它的人們的意見,讓他們告訴你曾經發生過什
麼。如果可能,尋找或者製作一張圖表,顯示系統實際資料的時間
變化態勢;人們的記憶不是一直很可靠的,尤其是對於相對久遠的事
件。

這一方針看起來簡單,實則不然。除非你能養成這樣做的習慣,
否則就會多走很多的彎路。**從系統的行為開始,強迫你關注於事實,
而不是各種理論。**同時,這也有助於防止你快速陷進自己的信念、誤
解或其他類似盲點之中。

在我們周圍,其實有太多的誤解,幾乎到處都是。

比如說,很多人堅信年降雨量在減少,但是當你查看年
降雨量的資料之後,你會發現,增加的是降雨量的波動性,
而不是降雨量絕對值的變化。乾旱程度加劇,但洪澇災害也
更大。又如,當一些權威專家宣稱牛奶價格即將走高之後,
真實情況是牛奶價格持續低迷;當專家告訴我匯率會下降
時,其後的情況卻是匯率一路走高;雖然人們一直預期財政
赤字會下降,但赤字占國民生產毛額(GNP)的比例卻比以
往任何時候都要高。

觀察系統中的各種變數如何一起變動或者不一致地變動,是非常

有趣的。但是，**你要觀察真實發生的狀況，而不是聽人們對於發生的狀況的解釋，這樣可以規避許多有意或無意的因果假設。**例如，新罕布夏州每一位行政委員看起來都支持減稅以支持城鎮的發展，因為很多人理所當然地認為稅率和成長率是有關聯的，但是如果你把成長率和稅率做成一張圖，你會發現它們之間的分布是隨機的，如同新罕布夏州冬日的夜空繁星，完全沒有內在的關聯。

　　從系統的行為開始，也能把個人的思想引導到動態的分析上，而不是靜態的研究；不只是問「問題出在何處？」，也包括「到底是怎麼變成這樣的？」「是否有可能是另外的行為模式？」「如果我們不改變方向，繼續發展下去，事情最後會變成如何？」同時，注意了解系統的力量，你可以問：「在系統裡，什麼運作得很順利？」

　　從幾個變數的歷史資料開始，以散點圖的方式揭示它們之間的關係，不僅可以發現系統中存在哪些因素，也可以了解它們之間是如何相互連接的。

　　最後，從歷史資料開始，也能讓人們根據系統的真實行為定義問題，而不是用通用的或假想的趨勢來干擾或分散注意力，掩飾因為「沒有我們偏好的解決方案」而產生的不安感。傾聽任何討論，不管是在家庭中的對話，還是在公司會議上的意見分歧，或者是媒體上專家們的辯論，並且留意觀察人們是如何得出解決方案的。在大多數情況下，都是「預測、控制」的模式，或者是把自己的意志強加於人，沒有關注系統的狀況及其原因。

2.把你的心智模式攤開在陽光下

當我們畫出系統結構圖，並接著寫出來各種變數之間關係的方程式，這樣就強迫我們把自己內心隱藏的各種假定投射出來，並精準地表述它們。因為我們的模型需要保持完整、符合邏輯，並且前後一致，所以我們不得不把自己關於系統的每一個假定都擺出來，讓其他人（也包括我們自己）能夠看到它們。雖然心智模式是非常微妙的，但一旦要放到模型中，我們的假設就不能再搖擺不定，在某一次討論中這麼說，到下次討論時又那麼說，前後矛盾，顯然是行不通的。

你不必非得以系統結構圖或方程式的方式揭露自己的心智模式，儘管這樣做是非常好的方法。你也可以藉由語言、列表或者圖片、箭頭等方式表達你的想法，什麼東西與另外一些東西存在關聯，這些都包含著你的心智模式。不管以什麼方式，你這樣做得愈多，你的想法就會變得愈清晰，你承認各種不確定性並修正自己錯誤的速度就愈快。如此一來，你就能學到更多，變得更為靈活。

> **・系統思考訣竅・**
>
> 心智上的靈活性，是你在充滿各種靈活的系統中生存的必要條件；這包括願意重新劃定系統的邊界、注意到系統轉換到一種新模式，以及知道如何重新設計系統結構的能力等。

請始終牢記，你所知道的每一件事，以及任何人知道的任何事，都只是一個模型。把你的模型拿出來，放到人們看得見的地方，再邀請其他人來挑戰你的假定，並補充說明他們自己的。這樣做不是為了比較、選出哪種假設、解釋哪個模型是最好的，而是要盡可能多地蒐

集各種可能的解釋，並把它們都當做是合理的，除非你發現一些證據，讓你可以排除其中的一種或幾種解釋。在這個過程中，你也要保持警惕，因為其中可能包含著你自己的情緒或偏好，讓你選擇性地看到支持你的觀點的證據，或者剔除你不認同的一些假定。

把模型也拿出來，攤開在陽光下，讓它們盡可能地精確，用各種證據對其進行檢驗，如果沒有得到證據的支撐，也應該勇於捨棄。這就是科學的態度和方法。但是，即使在科學研究領域，這樣的做法也不常見，更不用說在社會科學、管理學、政府管理或日常生活中，就更為罕見。

3.相信、尊重並分享資訊

到現在，你應該已經了解資訊如何把系統結合到一起，並且知道資訊的延遲、偏差、分散或缺失如何使得反饋迴路的功能失調。很明顯，如果決策者缺少資訊，他們就無法做出應對；而如果資訊不正確，反應也不可能正確；如果資訊是延滯的，更不可能及時做出反應。在我看來，系統中的大多數錯誤，都是由於資訊的偏差、延遲或缺失所致。

如果可以，我想向各位再多提醒一點：**你不能歪曲、延遲或隱瞞資訊**。如果擾亂系統的資訊流，系統的運作就會陷入混亂或瘋狂。相反地，如果能使資訊更及時、準確、完整，系統就會運做得更好，輕鬆而自在。

例如，1986年，美國聯邦政府推出新的《有害氣體排放法案》（*The Toxic Release Inventory*），要求美國所有公司每年向政府報告它們所有工廠對外排放的有害氣體總量。藉由《資訊自由法案》（*The Freedom of Information Act*），公眾可以獲得這些資訊。從系統的觀點看，後者堪稱是整個美國最重要的一部法律。1988年7月，公開第一批有關化學排放的資料。雖然揭露排放資訊就不算是非法的，但是把它們發表在企業年報上也不怎麼好看，尤其是那些被列入「本地區十大排放單位」之列的排放大戶壓力更大。因此，雖然沒有法律訴訟，沒有強制性的減排指標，沒有罰金與罰則，但情況就發生明顯改善。在兩年之內，全美國的化學排放量減少40%（這只是從報告的數字來計算的，我們假定它也是符合

事實的）。一些公司已經推出相關的政策，計畫將其排放量減少90%，這僅僅是因為之前公開原本企業內部控制嚴禁外流的資訊[3]。

從某種意義上講，資訊就是權力。任何對權力感興趣的人都會很快認同這一觀點。媒體、公眾人物、政治家、廣告商等對公眾資訊傳播有一定影響力的機構，都有很大的權力，甚至超出大多數人的想像。在很多時候，它們會為自己的利益，在短期內對資訊進行過濾，有選擇性地發布資訊，並對資訊流進行引導。這可能就是我們所在的社會系統經常會變得失控的重要原因之一。

4.謹慎地使用語言，並用系統的概念豐富語言

我們的資訊流主要是由語言來組成的，而人們的心智模式也大多是藉由詞語來表達的。因此，**尊重資訊首先意味著避免語言汙染，盡可能清晰、準確地使用語言；其次，要想辦法擴展我們的語言，以便能夠更有效地談論複雜性。**

弗雷德・考夫曼（Fred Kofman）在一篇系統學期刊的文章上寫道：

> 語言可以當成一種媒介，藉由它，我們可以創造出新的理解和新的現實。事實上，我們不是在討論我們所見的事物，**我們只能看到我們能夠討論的事物**。我們對世界的看法取決於我們的神經系統和語言的交互作用，這兩者都是「篩檢程式」，影響著我們能看到的事物。語言和組織的資訊系統都不是客觀地描述外部存在的方式（它們從根本上塑造其成員的感知和行動）。要重塑（社會）系統的測量和溝通系統，就要在最根本的層面上重塑所有潛在的交互作用。與戰略、組織結構或文化等比起來，語言當成現實的表述方式，是更為根本的[4]。

如果在一個社會中，人們不停地在談論「生產力」，而很少使用或很難理解「適應力」這個詞，那麼整個社會就將變得更有「生產力」，但「適應力」會降低。同樣，如果人們不能理解或使用「承載能力」（carrying capacity）這個詞，整個社會將很快超過其承載能力；如果人們談起「創造就業」（creating jobs）時，就意味著必須

要靠公司做一些什麼事，社會中的大多數人就沒有緊迫感和動力，為自己和他人創造出更多的工作機會。如果公司的使命是「創造利潤」（creating profits），就可能會輕視員工在價值創造過程中的角色。同樣的情況還有「和平衛士」（Peacekeeper），這可能意味著必須擁有導彈，或者不可避免的「附帶損害」（collateral damage），以及可能需要採取的「最終解決方案」（Final Solution）或「種族清洗」（ethnic cleansing，又稱為種族滅絕），包括溫德爾‧貝里（Wendell Berry）所談論的「暴政統治」（tyrannese）。

讓我感觸很深的是，我們已經觀察到，在過去的大約150年裡，語言在日漸退化，要麼是變得沒有意義，要麼是對其原本含義的破壞。同時，我也相信，伴隨著語言的日漸退化，個人和社區的衰變、瓦解也會逐漸加劇。

他接著說道：

隨著表述的退化，語言已基本上喪失標示作用，因為它未被認真地使用，已沒有特定的所指。人們的注意力被各種百分比、分類或抽象的函數瓜分（中略）。使用者很可能不再需要依賴或指望語言，因為它不能定義任何個人的立場或行動基礎。它唯一實用的價值就是支持「專家意見」，大量不帶個人色彩的技術行動已經開始（中略）。這將是一種殘暴的語言：暴政統治[5]。

為什麼愛斯基摩人有那麼多詞語來形容雪，那是因為他們曾經深

入研究和學習如何充分地利用雪。他們已經將雪變成資源，當成他們可與之共舞的系統。而我們所處的工業社會，只是剛剛開始擁有和使用系統的詞彙，因為我們剛剛開始關注和利用複雜性。類似**承載能力**（carrying capacity）、**結構**（structure）、**多樣性**（diversity）這樣的詞彙，甚至是**系統**（system）這個詞，都是舊的詞彙，但現在，它們的含義變得愈來愈豐富，意義愈來愈精準。同時，我們也必須學會發明一些新的詞彙。

電腦中的文字處理程式有拼寫檢查能力，這讓我必須手工增加一些詞語，因為它們原來並不包含在電腦的詞典中，包括寫作本書過程中常用的下列詞語：**反饋**（feedback）、**輸送量**（throughput）、**次優化**（overshoot）、**自組織**（self-organization）和**永續**（sustainability）。

5.關注重要的，而不只是容易衡量的

在我們的文化中，數字總是令人著迷的。這讓人們自然地產生一種想法，即那些可以測量的事物要比不能測量的更重要。你要是不信，可以先想一分鐘。這可能意味著，我們認為數量比品質更重要。如果數量是某一個反饋迴路的目標，那麼它將成為我們關注的焦點，是我們的語言和體系的中心。無論是激勵、評估，還是獎勵，都離不開量化指標。這樣的結果就是數量更為優先受到重視。你可以觀察和考慮一下，在你周圍的世界中，在自己的腦海裡，到底是數量還是品質更為突出和重要？

身為系統建模者，我們曾經不止一次地被那些從事科學研究的同事們所嘲笑，因為我們無法將一些重要但無法衡量的變數納入模型之中，諸如「偏見」「自尊」或者「生活品質」等。由於電腦類比需要數值，我們不得不編造出一些定量化的方法，以衡量那些定性的概念。我們假設偏見的取值範圍位於–10到+10之間，0分意味著毫無偏見，–10分意味著完全負面的偏見，而+10分意味著完全正面的偏見，即你不可能做錯事。現在，假設某人對你的偏見度是–2，或者+5，–8，這將對你的工作表現有什麼影響？

實際上，在我們的工作中，真的有一次必須把偏見和績效之間的關係放到模型之中[6]。該項研究是一家公司想知道如何更好地對待少數民族裔員工，以及如何幫助這些員工成為公司的管理階層。我們面試過的每一個人都認為，在偏見和績效之間，真的存在著某種連結。雖然採用哪種衡量方式是武斷的，可以是1到5，也可以是0到100，但是如果不把「偏見」放到研究之中，肯定是不科學的。因此，我們試著把「偏見」放到模型之中，並努力測量它。當公司裡的員工被問及偏

見和績效之間的關係，他們提出來的幾乎都是屬於非線性的，在此之前，我從未在模型中見過此類關係。

如果某件事物難以量化，我們往往對其視而不見或者忽略它，這會導致模型不完善。在前面，你已經知道系統常見的陷阱，其中包括圍繞那麼易於測量的東西來設定目標，而不是根據那些真正重要的東西。所以，不要再掉進此類陷阱。上帝賦予人類的不只是衡量數字的能力，也包括評估品質的能力。希望你能成為一名品質檢測員，到處走動，隨時隨地檢查、確認品質是否達標。

舉例來說，如果某件東西是醜陋的、俗氣的、不相稱的、比例失調、不可持續的，或者道德格調低下、危害環境、有損人格的，就不要讓其通過。

不要再讓「如果你不能定義和測量它，你就不必關注它」這類的說教限制住你的手腳。沒有任何一個人可以定義或測量正義、民主、安全、自由、真理，或者愛，也沒有任何一個人能夠定義或測量任何價值觀。但是，人們卻都離不開這些東西。如果我們不談論它們，不檢查它們是否存在或達標，在設計系統時也不設法實現這些目標，它們將不復存在。這是不可想像的。

6.為反饋系統制定帶有反饋功能的政策

美國前總統卡特（Jimmy Carter）有一種非凡的能力，他可以用反饋的概念來思考系統性問題，並制定反饋的政策。不幸的是，因為國會和公眾並不理解反饋，所以他在面對如何解釋自己的想法、以說服國會和公眾時，一度感到很困難。

例如，在石油進口量飆升的時期，他建議對美國國內消費的汽油徵稅。如果石油進口持續增加，汽油稅也將進一步提高，直到能夠抑制住對石油的需求，並迫使人們尋找石油的替代品，並減少進口。如果石油進口量降至零，汽油稅也將降為零。

然而，這一建議沒有通過。

卡特也曾試圖處理從墨西哥偷渡美國的非法移民潮。他認為，只要美國和墨西哥之間在發展機會和生活標準方面存在巨大的差距，就什麼措施也阻止不了非法移民潮。與其在邊境檢查和保安方面投入大量的人力、物力、財力，不如把這筆錢當成給墨西哥的投資，幫助墨西哥發展經濟。只要能夠堅持下去，移民潮早晚會停止。

但是，這一建議也沒有得到採納。

很顯然，**對於動態的、自我調節的反饋系統，不能用靜止的、硬性的政策來進行管制。**雖然根據系統當下的狀態設計出一項政策相對容易、快捷，代價通常也不大，但這很難行得通。相反地，好的政策必須能夠根據系統狀態的變化及時地靈活調整。尤其是在面對複雜的

系統、存在多重不確定性的情況下，最好的政策不僅要包括反饋迴路，也要包括一種機制，對其中的各種反饋迴路進行調整，可稱之為調整迴路的迴路（meta-feedback loops），適時地進行改變、糾正或擴大。從本質上看，這是把「學習」功能融入管理過程之中，使得政策具備靈活性，從而能夠更好地與系統共舞。

> 歷史上簽署的《蒙特婁議定書》（*Montreal Protocol*），目的是保護地球大氣層中的臭氧層。當1987年簽署該議定書時，人們對於臭氧層破壞的速度、危害性以及各種化學物質對臭氧層的破壞作用等，都不大確定。因此，議定書設定的目標是，要減少對臭氧層最具破壞力的化學物質的生產和排放速度。但是，它也規定一種機制，透過持續地監測臭氧層的變化狀況，並根據臭氧層被破壞的實際狀況與預期的差距，重新召開國際會議，調整逐步淘汰危險化學物質排放的時間表。結果三年後，也就是在1990年，該議定書被重新調整，加快減排和淘汰的速度，並增加更多的化學物質，因為臭氧層被破壞的速度以及危害性遠大於人們在1987年預計的狀況。

這就是一個帶有反饋功能的政策的例子，它的結構中具有學習的功能。我們希望它能及時地發揮作用。

7.追求整體利益

請記住，層級組織存在的目的是服務於最底層，而非最頂層。千萬不能放大系統的某個部分或某個子系統的重要性，使其凌駕於系統整體之上，反而忘記系統整體的存在。這是犯下典型的「一葉障目，不見泰山」的錯誤。同時，正如肯尼士・博爾丁（Kenneth Boulding）所講的，不要因為優化某件根本沒必要做的事而招來更大的麻煩。因此，要瞄準那些能增強系統整體性能的要素，包括成長、穩定性、多樣性、適應力與永續性，而不必在意它們是否容易衡量。

8.聆聽系統的智慧

　　說明並鼓勵那些有助於系統自我運行的力量和結構。請留意，在這些力量和結構中，有多少是位於層級的底部的。不要成為一個粗魯、莽撞、沒腦子的干預者，破壞系統內在的自我調節能力。在你介入之前，關注一下那些已經存在的價值是什麼。

　　我的朋友南森·格雷（Nathan Gray）曾在瓜地馬拉擔任過援助人員。他告訴我，他對那些援助機構很失望，因為它們的意圖是「創造就業」「增加創業能力」和「吸引外部投資者」。但實際運作時，它們卻對當地市場視而不見。在那裡，各行各業，從籃子製造、蔬菜種植、牲畜屠宰到糖果銷售，大量中小企業和工商業者都正如火如荼進行，他們為自己創造「就業機會」，並在這些工作中展現高效的創業能力。格雷花費許多時間與當地市場的工商業者交流，詢問他們的生活和企業經營，從中學習如何才能掌握這些中小企業擴展業務規模、增加收入。

　　最後，他得出結論，他們真正需要的，並不是外部投資者，而是內部的融資和支持。合理的利率、易於獲得的小額貸款，以及文化教育、會計服務等，將對整個社區產生更為長期的價值，這比從外面引進一家工廠或者生產線意義更為重大。

9.界定系統的職責

　　這是系統分析與設計的一項指導原則。對於系統分析，這意味著要搞清楚系統是怎樣產生出它的各種行為的，包括有哪些觸發事件和外部影響，引發系統的哪些行為，經過多少環節，誰在這些環節中起著什麼樣的作用等。有時候，這些外部事件是可控的（如減少飲用水中的病原體，以降低傳染性疾病的發作概率），但有些是不可控的。**如果只是責怪或試圖控制外部影響，將容易使人們忽視系統內部的職責。**事實上，在系統內部，總有一些較簡單的任務，可以增強自身的職責，從而更好地應對外部影響。

　　增強系統的「內在責任」，意味著在設計系統時，要在決策及其結果之間建立起反饋迴路，讓決策者直接、快速、強制性地看到其行為的後果。就像飛行員位於飛機的前方，面對著所有的儀表，可以直接地了解到自己每一個決策的後果。這樣，飛行員就是負起「內在責任」。

　　　　以前，達特茅斯學院每個辦公室和教室都安裝有單獨的溫度調節器裝置；後來，學院拆除獨立的空調，並且改造、安裝中央空調設備，由一台電腦集中控制整棟建築的溫度。這樣做據說是為了節能，但根據我身為一名基層教員的觀察，我認為這樣降低系統的「內在責任」，導致的後果是室溫大幅振盪。當我的辦公室溫度過高時，因為沒有辦法關閉空調，我只能打電話給溫控中心。以前學院曾有巡查人員，隔一段時間（數小時或數日）做一些修正，但經常是矯枉過正，所以後來設立客服專線。但是，這樣也不能及時解決問

題。在我看來，另外一種解決問題的方法是讓系統自己承擔起更多的責任，即讓每一位教授都能自己控制室內的溫度，然後直接根據他們所使用的能量進行收費，這樣就可以把「公共物品」（集中溫控）變成私人物品，從而提高系統的效率。

再如，為了讓系統承擔起「內在責任」，應當要求各個城鎮或公司都把自己的取水口設在**河流的下游**，而把排水口設在上游，這樣就意味著，如果你自己排放的廢水不達標，你馬上就可以看到，而且必須承擔相應的後果。對於因吸菸而造成的疾病，或因騎摩托不戴頭盔、開車不扣安全帶等個人疏忽而造成的事故所產生的醫療費用，保險公司或社會保障基金都不予賠償或支付。國會在立法時，不能包含自身免責的豁免條款（現在有很多這樣的條款，比如因積極的行為所產生的招聘需求不受限制，以及無須公布環境影響報告等）。當統治者可以公開宣戰但無須自己帶著隊伍征戰，就失去很大一部分責任。現在，發動戰爭可能變得更加不負責任，因為只需要按下一個電鈕，就能在很遠的地方造成巨大的傷亡，而且按下電鈕的人根本看不見任何傷害。

哈定曾經建議過，如果有人想阻止他人墮胎，就是在違反「內在責任」，除非他們自己真的願意把孩子撫養成人[7]。

以上幾個案例只是「拋磚引玉」，希望能引發讀者朋友的思考，在我們當今的文化中，幾乎很少在系統中尋找相應的責任，而這是有效行動的根源；同時，在設計系統時，我們也很少考慮讓參與各方承擔他們所應承擔的責任，體驗他們自己的行動所產生的後果。

10.保持謙遜，做一名學習者

經過多年的系統思考研究和實踐，我已經學會更相信自己的直覺，無需太多的理性思考，我也盡可能地保持這兩方面的平衡，但是，我仍然隨時準備著應對各種意外的出現。數十年來，我一直在與系統打交道，無論是電腦建模、大自然、人群組織，還是企業系統，我始終提醒自己：**每個人的心智模式都是不完整的，而世界是如此複雜，因此，我還有很多很多不知道的事物。**

當你發現自己不知道時，真正要做的不是虛張聲勢、自欺欺人，也不是迴避或畏縮不前，而是學習！而學習的方式就是試驗，或者就像是巴克敏斯特・富勒（Buckminster Fuller）所說，藉由「試錯」來學習。在複雜系統的世界中，認定一個方向，一聲令下，勇往直前地衝鋒陷陣，不懂變通，並不是睿智的做法。即使你確信自己的方向正確，「堅持到底」也可能只是一廂情願的想法。你必須隨機應變、伺機而動。當你沒有把握時，假裝「一切盡在掌握」，不僅是人們在犯錯時經常產生的一種反應，也無法讓人們從失敗中學習。應該怎麼辦呢？**那就是採取幅度小而穩妥的措施，持續地監控，認真地觀察系統的方向，並且願意順勢而為，改變自己的路線。**

這其實是很困難的，意味著犯錯之後並不容易認錯。心理學家唐・麥可（Don Michael）稱之為「擁抱失誤」。但是，擁抱自己的失誤需要很大的勇氣。

不管是我們自己，還是我們的同事，或者任何一位身在其中的人，都很難知道究竟發生什麼，並且有可能照舊前行，就像我們真的掌握事實、對所有問題都瞭若指掌一樣，

我們也會很肯定、相信自己知道事情的後果,期望自己能夠獲得最好的結果。此外,當我們處理複雜的社會性問題時,我們會假裝自己知道要做的事,這只會降低我們的可信度。不信任制度和權威的人數正在增加,認識到不確定性的行為,可以在很大程度上幫助我們改變這個惡化的趨勢[8]。

「擁抱失誤」就是學習的條件。它意味著搜尋、使用和分享「我們到底在什麼地方失誤」的資訊,了解哪些與我們的期望或希望的狀況不符。「擁抱失誤」和承受高度不確定性,都會強化我們個人和社會的脆弱性。通常,我們會隱藏自己的脆弱性,無論是對自己還是對他人,都是如此。但是,對於那些真正接受其責任的人,需要的知識遠多於社會上一般的人,也更能深入地發現自我[9]。

11.慶祝複雜性

讓我們面對現實吧，大千世界是混亂不堪的。它是非線性的，狂躁不安，又動態變化；在某一個瞬間，它是一種狀態，但到了下一個時刻，它又是另一種狀態。誰也不知道它要到什麼地方去，根本無法精確地測量，也算不出平衡點。它是自組織的，始終處於進化之中。它同時演化多樣化**和**統一性。正是由於這些原因，我們所處的大千世界才如此變化萬千、五彩繽紛。

在我們人類的大腦中，吸引我們關注的，往往是直線而非曲線，是整數而非分數，是整齊劃一而非參差不齊，是確定無疑而非神祕莫測。但是，我們也存在完全相反的另外一面，因為我們本身也是從動態複雜系統中進化而來，受到複雜性所塑造，並且處於複雜系統的結構之中。

只有一部分人，喜歡把建築設計得方方正正、有棱有角，像一個盒子；在人類的歷史上，這只是近年來才出現的一種趨勢。

另外一部分人本能地承認，大自然的設計是分形的，無論是在顯微鏡下，還是在放大鏡中，每一個切面上都有著迷人的、無窮變化的細節。這部分人建造哥德式大教堂和波斯地毯，創作交響曲和小說、設定盛裝狂歡節以及設計人工智慧程式。所有這些都是複雜性的展現，在我們周圍的世界中比比皆是。

我們可以歡慶並鼓勵自組織、無序、變異和多樣性，至少部分人或你的一部分可以。其中一些人甚至將其當成道德準則，就像奧爾多‧李奧帕德（Aldo Leopold）的「土地倫理」（land ethic）①所闡述的那樣：「當某件事傾向於保護生物群落的一致性、穩定性和自然之美時，它就是對的，否則就是錯的。」[10]

譯注：
① 李奧帕德在其著作《沙郡年紀》中首次宣導的一種環境倫理。

12.擴展時間的範圍

人類最糟糕的發明之一就是利息，並由此產生像是回收期和貼現率等點子，所有這些都為人們忽略長期利益提供藉口。

在工業社會，無論是企業還是政府考慮的時間範圍都是有限的，要麼是當前投資的回收期，要麼是當期的任期，遠遠小於大多數家庭的時間範圍，後者會持續到孩子長大或孫子輩。而在很多美洲原住民的文化中，他們的決策所談及和考慮的時間範圍長達未來七代。**考慮的時間範圍愈長，生存的機會就會愈好。**就像肯尼士‧博爾丁（Kenneth Boulding）所言：

> 大量歷史證據表明，如果一個社會失去後代身分的一致性，失去對於未來的積極期望，也將失去處理現在問題的能力，並將很快崩潰。除了一些匪夷所思的觀點，像是「我們應該像鳥那樣築巢而居」之外，其實我們的後代在某些方面與鳥也是類似的。所以，我們是不是可以把某個地方糟蹋，然後再移居到另一個地方去呢？然而，出於為將來著想的考慮，我完全不能接受這樣的解決方案[11]。

按照系統理論，嚴格來講，沒有長期和短期的區分。在不同時間範圍內發生的各種現象彼此都是相互嵌套和依託的。此刻你所採取的一些行動，除了即刻就會有一些效果之外，也可能在未來很長時間之後仍然殘留著一些影響。其實，此時此刻，我們每個人都正在經歷著某個人或某些人一段時間之前的一些行動的影響，這些行動可能發生在昨天、去年，也有可能是幾十年前乃至數個世紀之前的事情。非常

快速的過程和非常緩慢的過程之間的連接，有時候很強，有時候很弱。當那些非常緩慢的過程居於主導地位時，事情看起來似乎沒有什麼變化；而當非常快速的過程占據主導時，事情變化發展的速度可能讓人目不暇接。**在一般情況下，系統中大的和小的、快的和慢的，都是不斷結合、分解、再組合的。**

當你沿著一條崎嶇不平、障礙遍布的未知小路散步時，如果低著頭、只盯著你腳下的那一兩步，無疑是很不明智的。當然，只盯著自己前面的夥伴，從不注意自己的腳下，也很愚蠢。這時候，你需要做的就是，既要關注長期（前方的路況），又要留意短期（腳下的狀況）。

13.打破各種清規戒律

　　不管你是學什麼專業的，教科書上是怎麼說的，或者某個專家是如何認為的，你都不要盲從，放棄所有的規則，只要緊緊地遵從著系統的指引即可，無論它去向何方。可以肯定的是，這樣做，毫無疑問會打破很多傳統的清規戒律。為了理解系統，你必須學會向生態學家、化學家、心理學家和神學家們學習，當然也不能局限在這個範圍內。你必須深入了解他們的術語行話，以及他們從自己獨特的角度得出的結論，取其精華，去其糟粕，並將它們整合起來，融會貫通。當然，這並不容易。

　　把系統視為一個整體，要求人們的思考必須「跨領域」，也就是把不同學科或領域的人放在一起，讓他們相互交流、切磋、研究。要想讓「跨領域」溝通真正奏效，必須有一個待解決的真實問題，而且來自各個領域的代表必須真心願意參與解決這一問題，而不只是學術研究。大家必須都進入到真正的學習模式，願意承認自己的無知，願意接受新的知識，不只是相互學習，而且要向系統學習。

　　這完全可以做到。一旦做到，這將非常令人振奮。

14.擴大關切的範圍

要想在一個充滿各種複雜系統的世界中生存，你不僅需要擴展時間範圍，也要拓寬思考範圍，也就是擴大你的關切範圍。當然，這樣做也符合很多文化中的道德規範。我們姑且不論道德上的爭論，但從系統思考的角度看，這樣做也是必不可少的。因為真正的系統是相互連接的，我們人類的任何一部分都與他人以及整個地球生態系統不可分割。在這個事物存在普遍連結的世界裡，任何一項事物，如果離開其他相關聯的事物，都很難單獨存在。

例如，如果你的肺不再運作，心臟也不可能像往常一樣繼續跳動；如果員工都辭職，你的公司也無法順暢運作；如果洛杉磯的所有窮人都消失，富人也將不復存在；如果非洲不存在，歐洲局勢也不會穩定；如果全球環境遭破壞，全球經濟也將無以為繼。

其實，除了系統之外，大多數人都已經了解「事物是相互連結的」這個道理。在這一點上，社會公認的道德規範和系統思考的實踐原則是一致的。我們只不過是讓人們真正做到他們已經知道的。

15.不要降低「善」的標準

如前所述，系統基模之一是「目標侵蝕」，在當今時代，這一基模最危險的一個實例是：**現代工業文明正慢慢侵蝕著人們的美德表現**。這一陷阱的作用已經很明顯，後果也很可怕。

現在，有一些不良行為被揭發出來，藉由媒體的宣傳被放大，但很多人認為這並不值得大驚小怪，甚至覺得稀鬆平常。你可能也會這麼想：畢竟，我們只是凡人。有太多人性向善的例子沒有受到注意或有人提起，因為它們「不是新聞」。而且，凡事都有例外，有壞人，也一定會有聖人存在；不能指望所有人都按照同一個標準為人做事。

但是，如果這樣的話，就會降低人們的期望。期望的行為與實際行為之間的差距就會縮小。如此一來，被確認並逐漸灌輸為理想的行為就更少。同時，公眾輿論也會充滿憤世嫉俗、玩世不恭的態度。一些公眾領袖顯然是在「說一套，做一套」，訴求道德和是非，甚至有些人道德敗壞，他們也不會對此有所作為。相反地，太講理想會遭到嘲笑。人們關於道德信念的陳述都被認為是可疑的。在公共場合，恨比愛更容易受人談論。對此，文學批評家和自然主義者約瑟夫・克魯奇（Joseph Wood Krutch）是這樣說的：

> 雖然人們之前從未對自己**所擁有的**感到過滿足，或者對**實現**自己內心渴望的能力有絲毫懷疑，但與此同時，他們也從未認可過對**自我**評價過低的評價。他們相信，科學的方法可以幫助人們創造財富、釋放潛能，也能從生物學和心理學上解釋人們這麼做的原因。但是，他們真正關心的，其實是財富和權力，而不是精神上的富足[12]。

從上文我們已經知道該怎樣應對「目標侵蝕」，因此，**不要過度關注壞消息而對好消息不聞不問，一定要保持客觀的標準，不能降低。**

系統思考只能告訴我們該做什麼，但它本身不會去做。讓我們回到知與行之間的鴻溝上。知易行難，雖然系統思考不能填補這一鴻溝，但它可以引領我們來到鴻溝的邊緣，讓我們更好地進行分析，並繼而找到突破點。從人類精神的角度，告訴我們能做什麼，以及必須做什麼。

原文注

1. G.K. Chesterton, *Orthodoxy* (New York: Dodd, Mead and Co., 1927).

2. For a beautiful example of how systems thinking and other human qualities can be combined in the context of corporate management, see Peter Senge's book *The Fifth Discipline: The Art and Practice of the Learning Organization* (New York: Doubleday, 1990).

3. Philip Abelson, "Major Changes in the Chemical Industry," *Science* 255, no. 5051 (20 March 1992), 1489.

4. Fred Kofman, "Double-Loop Accounting: A Language for the Learning Organization," *The Systems Thinker* 3, no. 1 (February 1992).

5. Wendell Berry, *Standing by Words* (San Francisco: North Point Press, 1983), 24, 52.

6. This story was told to me by Ed Roberts of Pugh-Roberts Associates.

7. Garrett Hardin, *Exploring New Ethics for Survival: the Voyage of the Spaceship Beagle* (New York, Penguin Books, 1976), 107.

8. Donald N. Michael, "Competences and Compassion in an Age of Uncertainty," *World Future Society Bulletin* (January/February 1983).

9. Donald N. Michael quoted in H. A. Linstone and W. H. C. Simmonds. eds.,

Futures Research (Reading, MA: Addison-Wesley, 1977), 98–99.

10. Aldo Leopold, *A Sand County Almanac and Sketches Here and There* (New York: Oxford University Press, 1968), 224–25.

11. Kenneth Boulding, "The Economics of the Coming Spaceship Earth," in H. Jarrett, ed., *Environmental Quality in a Growing Economy: Essays from the Sixth Resources for the Future Forum* (Baltimore, MD: Johns Hopkins University Press, 1966), 11-12.

12. Joseph Wood Krutch, *Human Nature and the Human Condition* (New York: Random House, 1959).

附錄

系統術語說明

系統基模（Archetype）：是一些常見的系統結構，能夠產生特定的行為模式。

調節迴路（Balancing feedback loop）：是一種逐漸趨於穩定或特定目標（尋的）、調節性的反饋迴路，也被稱為「負反饋迴路」，因為它能消除或平衡施加給系統的變化力量。

有限理性（Bounded rationality）：從系統的一個部分來看，做出決策或行動的邏輯是合乎情理的，但從系統整體或更大的系統層面上看，這些邏輯就不合情理。

動態平衡（Dynamic equilibrium）：在這種狀況下，如果不看流入量和流出量，存量的狀態是穩定、不變的。只有當所有流入量和流出量完全相等時，才可能出現這種情況。

動態（Dynamics）：一個系統或其中任何一個組成部分隨著時間的推移而展現出的行為變化。

反饋迴路（Feedback loop）：是藉由影響與同一個存量相關的流入量或流出量，而使該存量發生改變的機制（規則、資訊流或信號）。這是從存量開始的一個閉合的因果關係鏈，根據存量的水準，透過一系列相關的決策和行動，影響與存量相關的流量，反過來又會藉由流量來改變存量。

流量（Flow）：是一段時間內，進入或離開某一個存量的物質或資訊。

層次性（Hierarchy）：按照不同層次組織起來、構成一個更大的系統。系統中包含一些子系統。

限制因素（Limiting factor）：是系統必不可少的一種輸入，在某個特定時刻，它會限制系統的活動。

線性關係（Linear relationship）：在系統中，兩個要素之間存在因果關係，而且因與果的變化有著固定的比例，可以把它們在圖表中以一條直線表示。其效果是累積的。

非線性關係（Nonlinear relationship）：系統中，兩個要素之間存在因果關係，但因與果的變化並不存在固定的比例。

增強迴路（Reinforcing feedback loop）：是一種不斷放大或強化的反饋迴路，也被稱為「正反饋迴路」，因為它會強化既有的變化方向。它們既可能是良性迴圈，也可能是惡性循環。

適應力（Resilience）：是系統從擾動中恢復到動態穩定狀態的能力，在受到外力影響之後，系統產生暫時的改變，然後還原或修補、恢復正常。

自組織（Self-organization）：是系統構建自身、產生新的結構、學習或多元化的能力。

主導地位轉換（Shifting dominance）：隨著時間的推移，相互制衡的反饋迴路之間的相對力量強弱發生改變。

存量（Stock）：在系統中，物質或資訊隨著時間推移而逐漸累積。

次優化（Suboptimization）：某個子系統的目標取代系統整體的目標居於主導地位，導致的一種不合理行為；系統以全部的成本實現某個子系統的目標。

系統（System）：是一系列相互連結和有序組織在一起的要素或部分，它們會產生特定的行為模式，通常被稱為其「功能」或「目標」。

系統原理概要

系統

- 總體大於部分之和。
- 系統中的很多相互連接是藉由資訊流進行運作的。
- 系統中最不明顯的部分是它的功能或目標，而這常常是系統行為最為關鍵的決定因素。
- 系統結構決定系統行為（結構影響行為）。系統行為是系統隨著時間流逝而展現的一系列事件。

存量、流量和動態平衡

- 存量是對系統中變化量的一種歷史紀錄。
- 只要所有流入量的總和超過流出量的總和，存量的水準就會上升。
- 只要所有流出量的總和超過流入量的總和，存量的水準就會下降。
- 如果所有流出量的總和與流入量的總和相等，存量的水準將保持不變，即系統將保持動態平衡。
- 要想使存量增加，既可以藉由增加流入速率來實現，也可以透過減小流出速率來實現。
- 存量可以在系統中起到延遲、緩存或減震器的作用。
- 由於存量的存在，流入量和流出量可以分開、彼此獨立。

反饋迴路

- 一個反饋迴路就是一條閉合的因果關係鏈，從某一個存量出

發，並根據存量當時的狀況，經過一系列決策、規則、物理法則或者行動，影響到與存量相關的流量，又返回來改變存量。

- 在系統中，調節迴路是保持平衡或達到特定目標的結構，也是穩定性和抵制變革的根源。

- 增強迴路是自我強化的，隨著時間的變化，增強迴路會導致指數成長或者加速崩潰。

- 由反饋迴路所傳遞的資訊，哪怕是非物理性的資訊，只能影響未來的行為，它不能足夠快地發送一個信號，修正由當前反饋所驅動的行為。

- 在一個由存量維持的調節迴路中，設定目標時，必須適當考慮補償影響存量的重要的流入和流出過程。否則，反饋過程將超出或低於存量的目標值。

- 具有相似反饋結構的系統，也將產生相似的動態行為。

主導地位轉換、延遲和振盪

- 當不同調節迴路的相對優勢發生改變時，系統通常會出現一些複雜的行為，由一個迴路主導的某種行為模式變為另外一種。

- 調節迴路上的時間延遲很可能會導致系統的振盪。

- 改變一個延遲的長短，可能會導致系統行為的巨大變化。

情景和測試模型

- 系統動力學模型可探究未來的多種可能性，讓我們了解「如果這樣就會怎樣」之類的問題。

- 模型的價值不取決於它的驅動情景是否真實（其實，對此沒有任何人能夠給出肯定的答案），而取決於它是否能反映真實的

行為模式。

系統受到的約束

- 在呈指數成長的系統中，必然存在至少一個增強迴路，正是它（或它們）驅動著成長；同時，也必然存在至少一個調節迴路，限制系統的成長，因為在有限的環境中，沒有任何一個物理系統可以永遠地成長下去。
- 不可再生資源受限於存量。
- 可再生資源受限於流量。

適應力、自組織和層次性

- 適應力總是有限度的。
- 不能只是關注系統的生產率或穩定性，也要重視其適應力。
- 系統通常具有自組織的特性，具有塑造自身結構、生成新的結構、學習、多樣化和複雜化的能力。
- 層次自下而上地進化；上一層級的目的，是服務於較低層級的目的。

系統之奇的根源

- 系統中的很多關係都是非線性的。
- 世界是普遍連結的，不存在孤立的系統；如何確定系統的邊界，取決於你的分析目的。
- 在任何給定的時間，對於系統來說，最重要的一項輸入是限制最大的那個因素。
- 任何有著多重輸入和輸出的物質實體，都受到多重限制因素的

　　制約。

- 任何成長都存在限制。

- 當一個變數以指數級形式逼近一項約束或限制時，其接近限制的時間會出乎意料地短。

- 當在反饋迴路中存在較長的時間延遲時，具備一定的預見性是必不可少的。

- 系統中每個角色的有限理性可能無法產生促進系統整體福利的決策。

常見的八大系統陷阱與對策

1. 政策阻力（Policy Resistance）

陷阱：當系統中多個參與者有不同的目標，從而將系統存量往不同方向拉時，結果就是政策阻力。任何新政策，尤其是當它恰好管用時，都會讓存量遠離其他參與者的目標，因而會產生額外的抵抗，其結果大家都不願樂見，但每個人都要付出相當的努力維持它。

對策：放棄壓制或實現單方面的目標。化阻力為動力，將所有參與者召集起來，用先前用於維持政策剛性的精力，尋找如何實現所有人的目標，實現「皆大歡喜」，或者重新定義一個更大的、更重要的總體目標，大家願意齊心協力實現它。

2. 公共資源的悲劇（The Tragedy of the Commons）

陷阱：當存在一種公共資源時，每個使用者都可以從這種資源的使用中直接獲利，用得愈多，收益也愈大，但是過度使用的成本卻需由所有人來分擔。因此，資源的整體狀況和單個參與者對資源的使用之間的反饋關聯非常弱，結果導致資源的過度使用及耗竭，最終每個人都沒有資源可用。

對策：對使用者進行教育和勸誡，讓他們理解濫用資源的後果。同時，也可以恢復或增強資源的狀況及其使用之間的弱反饋連接，有兩類做法：一是將資源私有化，讓每個使用者都可以直接感受到對自己那一份資源濫用的後果；二是對於那些無法分割和私有化的資源，則要對所有使用者進行監管。

3. 目標侵蝕（Drift to Low Performance）

陷阱：績效標準受過去績效的影響，尤其是當人們對過去的績效評價偏負面，也就是過於關注壞消息時，將啟動惡性循環，使得目標和系統的績效水準不斷下滑。

對策：保持絕對的績效標準。更好的狀況是，將績效標準設定為過去的最佳水準，從而不斷提高自己的目標，並以此激勵自己，追求更高的績效。系統結構沒有變化，但由於運轉方向不同，便能成為一個良性迴圈，做得愈來愈好。

4. 競爭升級（Escalation）

陷阱：當系統中一個存量的狀態是取決於另一個存量的狀態，並試圖超過對方時，就構成一個增強迴路，使得系統陷入對抗升級的陷阱，表現為軍備競賽、財富攀比、口水仗、聲音或暴力升級等現象。由於對抗升級以指數形式變化，它能以非常令人驚異的速度導致競爭激化。如果什麼也不做，此一迴圈也不可能一直發展下去，最後的結果將是一方被擊倒或兩敗俱傷。

對策：應對這一陷阱的最佳方式是避免陷入這一結構之中。如果已經深陷其中，一方可以選擇單方面讓步，從而切斷增強迴路；或者雙方進行協商，引入一些調節迴路，對競爭進行一些限制。

5. 富者愈富（Success to the Successful）

陷阱：如果在系統中，競爭中的贏家會持續地強化其進一步獲勝的手段，這就形成一個增強迴路。如果這一迴路不受限制地運轉下

去，贏家最終會通吃，輸家則被消滅。

對策：多元化，即允許在競爭中落敗的一方可以退出，開啟另外一場新的賽局；反壟斷法，即嚴格限制贏家所占有的最大占比；修正競賽規則，限制最強的一些參與者的優勢，或對處於劣勢的參與者給予一些特別關照，增強他們的競爭力（例如施捨饋贈、稅賦調節、轉移支付等）；對獲勝者給予多樣化的獎勵，避免他們在下一輪競爭中爭奪同一有限的資源，或產生偏差。

6. 轉嫁負擔（Shifting the Burden to the Intervenor）

陷阱：當面對一個系統性問題時，如果採用的解決方案根本無助於解決潛在的根本問題，只是緩解（或掩飾）問題的症狀時，就會產生轉嫁負擔、依賴性和上癮的狀況。不管是麻痺個人感官的物質，還是把潛在麻煩隱藏起來的政策，人們選擇的干預行動都不能解決真正的問題。如果選擇並實施的干預措施，導致系統原本的自我調適能力萎縮或受到侵蝕，就會引發一個破壞性的增強迴路。系統自我調適能力愈差，就需要愈多的干預措施；而這會使得系統的自我調適變得更差，不得不更多地依賴外部干預者。

對策：應對這一陷阱最好的辦法是提前預防，防止落入陷阱。一定要意識到，只緩解症狀或掩飾信號的政策或做法，都不能真正解決問題。因此，要將關注點從短期的救濟轉移到長期的結構性重建。

7. 規避規則（Rule Beating）

陷阱：「上有政策，下有對策」。任何規則都可能會有「漏洞」或「例外情況」，因而也會存在規避規則的行為。也就是說，雖然一

些行為在表面上遵守或未違背規則，但實質上卻不符合規則的本意，甚至扭曲系統。

對策：設計或重新設計規則，從規避規則的行為中獲得創造性反饋，使其發揮積極的作用，實現規則的本來目的。

8. 目標錯位（Seeking the Wrong Goal）

陷阱：系統行為對於反饋迴路的目標特別敏感。如果目標定義不準確或不完整，即使系統忠實地執行所有運作規則，其產出的結果卻不一定是人們真正想要的。

對策：恰當地設定目標及指標，以反映系統的真正福利。一定要特別小心，不要將努力與結果混淆，否則系統將只產出特定的努力，而不是你期望的結果。

採取干預措施的槓桿點（以有效性由小至大排列）

12.**數字**：包括各種常數和參數

11.**緩衝器**：比流量力量更大、更穩定的存量

10.**存量一流量結構**：實體系統及其交叉節點

9.**時間延遲**：系統對變化做出反應的速度

8.**調節迴路**：試圖修正外界影響的反饋力量

7.**增強迴路**：驅動收益成長的反饋力量

6.**資訊流**：誰能獲得資訊的結構

5.**系統規則**：激勵、懲罰和限制條件

4.**自組織**：系統結構增加、變化或進化的力量

3.**目標**：系統的目的或功能

2.**社會典範**：決定系統之所以為系統的心智模式

1.**超越典範**

系統世界的生存法則

1.跟上系統的節拍。

2.把你的心智模式攤開在陽光下。

3.相信、尊重並分享資訊。

4.謹慎地使用語言，並用系統的概念豐富語言。

5.關注重要的，而不只是容易衡量的。

6.為反饋系統制定帶有反饋功能的政策。

7.追求整體利益。

8.聆聽系統的智慧。

9.界定系統的職責。

10.保持謙遜，做一名學習者。

11.慶祝複雜性。

12.擴展時間的範圍。

13.打破各種清規戒律。

14.擴大關切的範圍。

15.不要降低「善」的標準。

模型公式

　　即使不用電腦，我們也一樣能從系統中學到很多東西。但是，哪怕是一個非常簡單的模型，一旦你開始探索，就會驚喜地發現自己是多麼希望更深入地學習，並創建出自己正式的系統數學模型。

　　本書中的模型都是用STELLA建模軟體創建的，該軟體由isee systems（原名為High Performance Systems）公司出品。下列的公式可以很容易地寫入各種建模軟體中，例如Vensim軟體（Ventana Systems Inc.出品）、Stella和iThink軟體（isee systems Inc.出品）等。

　　下列這些公式是用於第一章和第二章中討論的動態模型。「轉化器」（Converters）可以是常數，或是基於系統模型中的其他要素得出的計算結果。（t）是時間的縮寫，（dt）代表時間間隔，即從本次計算到下一次計算之間的時間長度。

浴缸：【圖1-5】【圖1-6】【圖1-7】

　　存量：浴缸中的水量（t）＝ 浴缸中的水量（t－dt）＋（流入量－流出量）× dt

　　初始存量值：浴缸中的水量 ＝ 50加侖

　　t ＝ 分鐘

　　dt ＝ 1分鐘

　　運行時長 ＝ 10分鐘

　　流入：流入量 ＝ 時間從0～5分鐘，流入速度是0加侖／分鐘；時間從6～10分鐘，流入速度是5加侖／分鐘

　　流出：流出量 ＝（流出速度是）5加侖／分鐘

咖啡杯的冷熱實驗：【圖1-10】【圖1-11】

1.冷卻

存量：咖啡的溫度（t）＝ 咖啡的溫度（t－dt）－（冷卻 × dt）

初始存量值：咖啡的溫度 ＝ 攝氏 100度、80度、60度，分別對應三個對比模型

t ＝ 分鐘

dt ＝ 1分鐘

運行時間 ＝ 8分鐘

流出：冷卻 ＝ 差距× 10%

轉化器：差距 ＝ 咖啡的溫度 － 室內溫度

室溫 ＝ 攝氏18度

2.加熱

存量：咖啡的溫度（t）＝ 咖啡的溫度（t－dt）＋（加熱 × dt）

初始存量值：咖啡的溫度 ＝ 攝氏0度、5度、10度，分別對應三個對比模型

t ＝ 分鐘

dt ＝ 1分鐘

運行時間 ＝ 8分鐘

流入：加熱 ＝ 差距× 10%

轉化器：差距 ＝ 室內溫度 － 咖啡的溫度

室內溫度 ＝ 攝氏18度

銀行帳戶：【圖1-12】【圖1-13】

存量：銀行帳戶餘額（t）＝銀行帳戶餘額（t－dt）＋（利息收入×dt）

初始存量值：銀行帳戶餘額 ＝ ＄ 100

t ＝ 年

dt ＝ 1年

運行時間 ＝ 12年

流入：利息收入（＄／年）＝ 銀行帳戶餘額×利率

轉化器：利率 ＝ 2%，4%，6%，8%，10%，分別對應五個對比模型

溫度調節器：【圖2-1】至【圖2-6】

存量：室內溫度（t）＝ 室內溫度（t－dt）＋（加熱－散熱）× dt

初始存量值：室內溫度 ＝ 攝氏10度：冷房間製熱；攝氏18度：熱房間製冷

t ＝ 小時

dt ＝ 1小時

運行時間 ＝ 8小時和24小時

流入：加熱 ＝ 5或實際室溫與設定的溫度之差的最小值。

流出：散熱 ＝ 室內外溫差 × 10%，對應「正常的」房子；室內外溫差 × 30%，對應「保溫效果不好的」房子。

轉化器：溫度設置 ＝ 攝氏18度

實際室溫與設定的溫度之差 ＝ 0或（溫度設置－室內溫度）之差的最大值。

室內外溫差 ＝ 室內溫度－攝氏10度，對應持續測量的室外溫度（**圖2-2至圖2-4**）；室內溫度－24小時的室外溫度，對應於一天一夜（**圖2-5至圖2-6**）。

24小時的室外溫度變化，從白天攝氏10度（華氏50度）到夜間攝氏零下5度（華氏23度），如**圖A-1**所示：

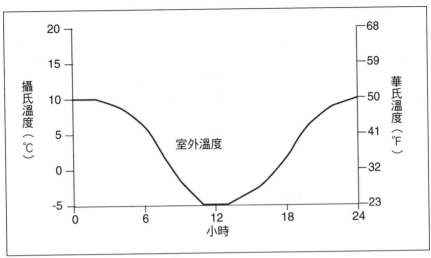

【圖A-1】一個晝夜24小時的室外溫度

人口：【圖2-7】至【圖2-12】

存量：人口（t）＝人口（t－dt）＋（出生人數－死亡人數）× dt

初始存量值：人口 ＝ 66億

t ＝ 年

dt ＝ 1年

運行時間 ＝ 100年

流入：出生人數 ＝ 人口×出生率

流出：死亡人數 ＝ 人口×死亡率

轉化器：

圖2-8：

死亡率 ＝ 0.009，或每千人中死亡9人

出生率 ＝ 0.021，或每千人中出生21人

圖2-9：

死亡率 = 0.030

出生率 = 0.021

圖2-10：

死亡率 = 0.009

出生率從0.021經過一段時間後下降到0.009，如**圖A-2**所示：

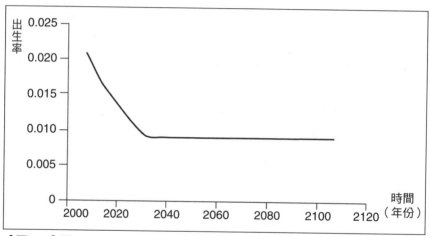

【圖A-2】圖2-10的出生率

圖2-12：

死亡率 = 0.009

出生率從0.021經過一段時間下降至0.009，又上升至0.030，如圖A-3所示：

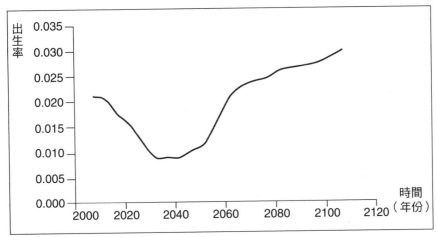

【圖A-3】圖2-12的出生率

資本：【圖2-13】【圖2-14】

存量：資本存量（t）＝資本存量（t－dt）＋（投資額－折舊）× dt

初始存量值：資本存量 ＝ 100

t ＝ 年

dt ＝ 1年

運行時間 ＝ 50年

流入：投資額 ＝ 年產量 × 投資係數

流出：折舊 ＝ 資本存量／資本生命周期

轉化器：年產量 ＝ 資本存量 × 單位資本的產出

資本生命周期 ＝ 10年，15年，20年，分別對應三個對比模型

投資係數 ＝ 20%

單位資本的產出 ＝ 1/3

庫存：【圖2-15】至【圖2-22】

存量：汽車庫存量（t）＝ 汽車庫存量（t－dt）＋（交付－銷售）× dt

初始存量值：汽車庫存量 ＝ 200輛

t ＝ 天

dt ＝ 1天

運行時間 ＝ 100天

流入：交付 ＝ 20，時間0至5；給工廠的訂單（t－交貨延遲），時間6至100

流出：銷售 ＝ 汽車庫存量或客戶需求的最小值

轉化器：客戶需求 ＝ 每天20輛汽車，時間0至25；每天22輛汽車，時間26至100

預期的銷售量 ＝ 感知延遲下的平均銷量

期望的庫存量 ＝ 預期的銷售量 × 10

差異 ＝ 期望的庫存量－汽車庫存量

給工廠的訂單 ＝ 最大值（預期的銷售量＋差異）或0，**圖2-18**；

＝ 最大值（預期的銷售量＋差異／反應延遲）或0，**圖2-20至圖2-22**

圖2-16，延遲：

感知延遲 ＝ 0

反應延遲 ＝ 0

交貨延遲 ＝ 0

圖2-18，延遲：

感知延遲 ＝ 5天

反應延遲 ＝ 3天

交貨延遲 ＝ 5天

圖2-20，延遲：

感知延遲 ＝ 2天

反應延遲 ＝ 3天

交貨延遲 ＝ 5天

圖2-21，延遲：

感知延遲 ＝ 5天

反應延遲 ＝ 2天

交貨延遲 ＝ 5天

圖2-22，延遲：

感知延遲 ＝ 5天

反應延遲 ＝ 6天

交貨延遲 ＝ 5天

受到不可再生資源限制的資本存量：【圖2-23】至【圖2-27】

存量：資源（t）＝ 資源（t－dt）－（開採量 × dt）

初始存量值：資源 ＝ 1,000，圖2-24、圖2-26、圖2-27；1,000，

2,000，4,000，對應圖2-25的三個對比模型

流出：開採量 ＝ 資本×單位資本收益

t ＝ 年

dt ＝ 1年

運行時間 ＝ 100年

存量：資本（t）＝ 資本（t－dt）＋（投資額－折舊）× dt

初始存量值：資本 ＝ 5

流入：投資額 ＝ 利潤或成長目標的最小值

流出：折舊 ＝ 資本／資本生命周期

轉化器：資本生命周期 ＝ 20年

利潤 ＝（價格 × 開採量）－（資本 × 10%）

成長目標 ＝ 資本 × 10%，**圖2-16至圖2-26**；資本 × 6%，8%，10%，12%，對應於**圖2-26**的四個對比模型

價格 ＝ 3，**圖2-24**，**圖2-25**，**圖2-26**；**圖2-27**，價格從1.2開始，此時單位資本收益很高；隨著單位資本收益下降，價格上升到10，如**圖A-4**所示：

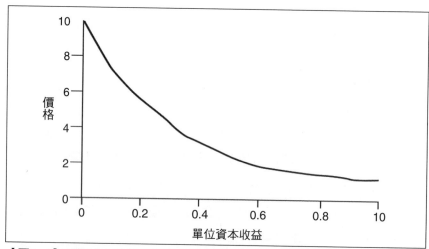

【**圖A-4**】**不斷減少的收益與單位資本收益相關的價格**

　　單位資本收益從1開始，此時資源存量很高，隨著資源存量的下滑，單位資本收益變為0，如**圖A-5**所示。

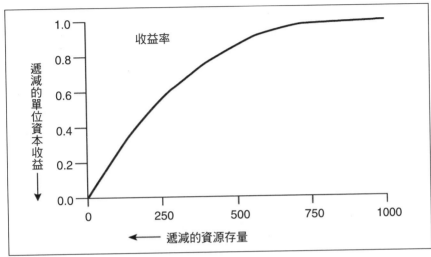

【圖A-5】資本收益與資源存量影響收益率

受到可再生資源限制的資本存量：【圖2-28】至【圖2-31】

存量：資源（t）＝資源（t－dt）＋（再生量－捕撈量）× dt

初始存量值：資源 ＝ 1,000

流入：再生量 ＝ 資源 × 再生率

流出：捕撈量 ＝ 資本 × 單位資本收益

t ＝ 年

dt ＝ 1年

運行時間 ＝ 100年

存量：資本（t）＝資本（t－dt）＋（投資額－折舊）× dt

初始存量值：資本 ＝ 5

流入：投資額 ＝ 利潤或成長目標的最小值

流出：折舊 ＝ 資本／資本生命周期

轉化器：資本生命周期 ＝ 20年

成長目標 ＝ 資本×10%

利潤 ＝（價格×捕撈量）－資本

　　價格從1.2開始，此時單位資本收益很高，隨著單位資本收益下降，價格上升到10。與前面的模型一樣，價格和收益之間也是一種非線性的關係（如**圖A-6**所示）。

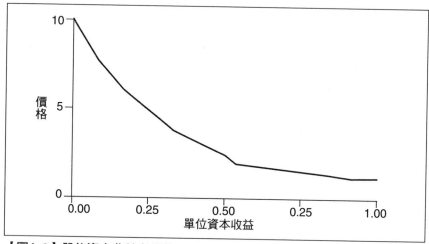

【圖A-6】單位資本收益與價格

　　再生率在資源儲備很充足或徹底耗盡時是0。在資源變化範圍的中間段，再生率達到最高點0.5左右（如【圖A-7】所示）。

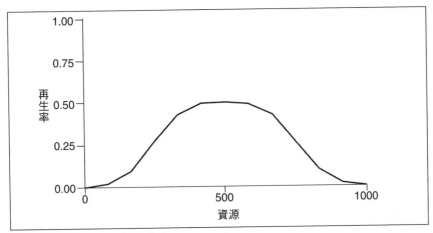

【圖A-7】資源變化與再生率

　　單位資本收益從1開始，此時資源儲備充足，但隨著資源存量的減少，單位資本收益下降（非線性）。單位資本收益的成長從總體上看，圖2-29成長率最低，圖2-30成長率稍微高些，圖2-31成長率最高（如圖A-8所示）。

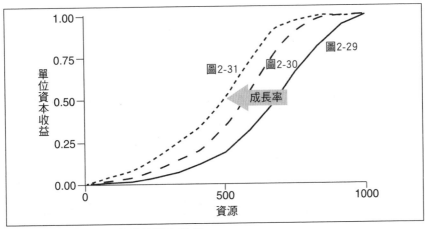

【圖A-8】資源變化與單位資本收益

延伸閱讀與相關資源

除了每一章的原文注標出的參考資料，以下是關於系統思考與系統動力學進一步的參考書目與資源。

系統思考與建模

參考書籍：

Bossel, Hartmut. *Systems and Models: Complexity, Dynamics, Evolution, Sustainability.* (Norderstedt, Germany: Books on Demand, 2007). A comprehensive textbook presenting the fundamental concepts and approaches for understanding and modeling the complex systems shaping the dynamics of our world, with a large bibliography on systems.

Bossel, Hartmut. *System Zoo Simulation Models.* Vol. 1: *Elementary Systems, Physics, Engineering;* Vol. 2: *Climate, Ecosystems, Resources*; Vol. 3:*Economy, Society, Development.* (Norderstedt, Germany: Books on Demand, 2007). A collection of more than 100 simulation models of dynamic systems from all fields of science, with full documentation of models, results, exercises, and free simulation model download.

Forrester, Jay. *Principles of Systems.* (Cambridge, MA: Pegasus Communications, 1990). First published in 1968, this is the original introductory text on system dynamics.

Laszlo, Ervin. *A Systems View of the World.* (Cresskill, NJ: Hampton Press, 1996).

Richardson, George P. *Feedback Thought in Social Science and Systems Theory.* (Philadelphia: University of Pennsylvania Press, 1991). The long, varied, and fascinating history of feedback concepts in social theory.

Sweeney, Linda B. and Dennis Meadows. *The Systems Thinking Playbook.* (2001). A collection of 30 short gaming exercises that illustrate lessons about systems thinking and mental models.

組織、網站、期刊、軟體：

Creative Learning Exchange—an organization devoted to developing "systems citizens" in K–12 education. Publisher of *The CLE Newsletter* and books for teachers and students. www.clexchange.org

isee systems, inc.—Developer of *STELLA* and *iThink* software for modeling dynamic systems. www.iseesystems.com

Pegasus Communications—Publisher of two newsletters, *The Systems Thinker and Leverage Points*, as well as many books and other resources on systems thinking. www.pegasuscom.com

System Dynamics Society—an international forum for researchers, educators, consultants, and practitioners dedicated to the development and use of systems thinking and system dynamics around the world. *The Systems Dynamics Review* is the official journal of the System Dynamics Society. www.systemdynamics.org

Ventana Systems, Inc.—Developer of *Vensim* software for modeling dynamic systems. vensim.com

系統思考與商業

Senge, Peter. *The Fifth Discipline: The Art and Practice of the Learning Organization.* (New York: Doubleday, 1990). Systems thinking in a business environment, and also the broader philosophical tools that arise from and complement systems thinking, such as mental-model flexibility and visioning.繁體中文版《第五項修練：學習型組織的藝術與實務》由天下文化出版

Sherwood, Dennis. *Seeing the Forest for the Trees: A Manager's Guide to Applying Systems Thinking.* (London: Nicholas Brealey Publishing, 2002).

Sterman, John D. *Business Dynamics: Systems Thinking and Modeling for a Complex World.* (Boston: Irwin McGraw Hill, 2000).

系統思考與環境

Ford, Andrew. *Modeling the Environment.* (Washington, DC: Island Press, 1999.)

系統思考與社會暨社會改革

Macy, Joanna. *Mutual Causality in Buddhism and General Systems Theory.* (Albany, NY: Stat University of New York Press, 1991).

Meadows, Donella H. *The Global Citizen.* (Washington, DC: Island Press, 1991).

國家圖書館出版品預行編目資料

系統思考：克服盲點、面對複雜性、見樹又見
林的整體思考 / 唐內拉‧梅多斯（Donella H.
Meadows）著；邱昭良譯. -- 初版. -- 臺北市：
經濟新潮社出版：家庭傳媒城邦分公司發行，
2016.01
　　面；　公分. -－（經營管理；129）
譯自：Thinking in systems : a primer
ISBN 978-986-6031-79-3（平裝）

1.管理科學　2.系統分析
494　　　　　　　　　　　　　　104028666